The life-cycles of the North Node and the South Node seem to be interlinked. The South Node was under construction while the North Node was still being thought out. Paradoxically enough, the worker from the very beginning, Aldo Rossi, died prematurely and left a monument for Maastricht.

Before his design could be implemented and take us elegantly over the river, René Greisch, the man who devised the pedestrian bridge, also departed too soon. His monument is the showpiece of the North Node, Céramique and Maastricht.

Noordknoop en Zuidknoop lijken in de levenscycli met elkaar verbonden. Terwijl de Noordknoop nog bedacht werd, werd de Zuidknoop al gebouwd. Paradoxaal genoeg overleed te vroeg de werker van het eerste uur, Aldo Rossi, die een monument voor Maastricht achterliet.

Nog voordat zijn ontwerp gerealiseerd wordt en hij allen op een elegante wijze over het water zal brengen, is ook de belangrijke uitvinder René Greisch te vroeg weggevaren. Zijn monument, de voetgangersbrug, wordt het pronkstuk voor de Noordknoop, Céramique en Maastricht.

Jo Coenen Schetsen | Roughs Noordknoop Céramique, Maastricht

Met teksten van | With texts by

Herman Coenen

NAi Uitgevers | Publishers, Rotterdam

Proforma, Rotterdam

The Netherlands Architecture Institute (NAI) has a special relation with Jo Coenen. After all, he designed the NAI building and in fact has left his mark on our daily activities in this institute. The NAI has always closely monitored Coenen's development. Now that he has become Government Architect and is setting out on a new stage in his career, both Jo Coenen himself and the Netherlands Architectural Institute feel the time ripe to look back on a long design period with many ideas, concepts, thoughts and striking results.

Voorwoord Foreword **Kristin Feireiss**

Het Nederlands Architectuurinstituut (NAi) heeft een bijzondere band met Jo Coenen. Hij is immers de ontwerper van het NAi-gebouw en heeft in feite ons dagelijks doen en laten in dit instituut bestemd. Het NAi heeft de ontwikkeling van de architect Coenen altijd op de voet gevolgd. Nu hij rijksbouwmeester is geworden en een nieuwe weg in zijn carrière inslaat, bestaat er voor zowel Coenen als het Nederlands Architectuurinstituut behoefte terug te kijken op een lange ontwerpperiode met vele ideeën, concepten, gedachten en in het oog springende resultaten.

Toen wij besloten een tentoonstelling en een thematisch boek over Jo Coenen samen te stellen, stonden wij voor een moeilijke opgave. Met enkele medewerkers toog ik naar Maastricht, waar Coenen ons in Café Zuid bij het Derlontheater op het Céramique-terrein ontving. Daar liet hij ons de Noordknoop zien en leidde ons enthousiast rond door de verschillende gebouwen. Zo zagen wij de monumentale bibliotheek, de prachtige comfortabele appartementen bij de Maas en het Derlontheater, dat in de Sphinx-periode nog als Bordenhal fungeerde. Hij wees ons op de lichtval, de zichtlijnen, de materialen en

When we decided to put together an exhibition and a thematic monograph on Jo Coenen, we were faced with a difficult task. I went with a few members of staff to Maastricht, where Coene met us in Café Zuid, near the Derlon Theatre on the Céramique site. He showed us the North Node and guided us enthusiastic ally around the different buildings. We saw the monumental library, the wonderful luxury apartments beside the Maas, anc the Derlon Theatre, which functioned as a biscuit factory in the Sphinx period. He drew our attention to the light, the lines of sight, the materials and the interrelations within the whole. He asked me how all this and much more could be captured in ar exhibition. Given the scope and complexity of this work, as w as the fact that an equal amount of attention is paid to urban development as to the interior of an apartment, my first idea was to devote the exhibition and the publication entirely to the

Jorth Node. This is the centre of the Céramique site, and it lemonstrates Coenen's approach in terms of process and the tratified way he thinks and works in an intensified form. The Jorth Node was developed in many stages. By following those tages, together with the corresponding design decisions and ptions, insight can be gained into how the architect, urban eveloper and 'super organiser' works and allows his instinct, motions and intellect to play a part in the process.

would like to thank Linda Vlassenrood and Joyce Langezaal, espectively curator and designer of the exhibition, Joop Ridder nd Paul Scholte from Proforma in Rotterdam, who compiled is book with Jo Coenen and NAi Publishers with great edication and in record time. I would also like to thanks the embers of Bureau Jo Coenen & Co, especially Ans Dierx, ick Beeftink and Paul Kuitenbrouwer; Herman Coenen, who rote and edited the texts; and of course, Jo Coenen himself, e virtuoso director who deploys locations, city districts and eople in an extremely intelligent, charming and resolute way.

istin Feireiss
rector, Netherlands Architecture Institute, Rotterdam

de onderlinge verhoudingen binnen dit ensemble. Hij vroeg mij hoe dit alles en nog veel meer in een tentoonstelling gevangen kon worden. Gezien de omvang en complexiteit van dit werk, maar ook vanwege de gelijkwaardige aandacht voor zowel de stedenbouw als het interieur van een appartement, was mijn eerste ingeving de tentoonstelling en de publicatie geheel te wijden aan de Noordknoop. Dit is het centrum van het Céramique-terrein en laat in verhevigde vorm Coenens procesmatige aanpak en gelaagde manier van denken en werken zien. De Noordknoop is in vele fasen ontwikkeld. Door het volgen van die fasen, met de bijbehorende ontwerpbeslissingen en keuzen, wordt inzichtelijk hoe de architect, stedenbouwer en 'superorganisator' te werk gaat en zijn instinct, emoties en ratio daarin laat doorwerken.

Veel dank aan Linda Vlassenrood en Joyce Langezaal, curator en vormgever van de tentoonstelling, aan Joop Ridder en Paul Scholte van Proforma in Rotterdam, die met absolute toewijding en in een korte tijd dit boek met Jo Coenen en NAi Uitgevers hebben samengesteld. Dank ook aan de medewerkers van Bureau Jo Coenen & Co, in het bijzonder Ans Dierx, Dick Beeftink en Paul Kuitenbrouwer. Aan Herman Coenen, die de teksten verzorgde, en natuurlijk aan Jo Coenen zelf. De virtuoze regisseur die plekken, stadsdelen en mensen op een uiterst intelligente, charmante én vasthoudende wijze naar zijn hand zet.

Kristin Feireiss
Directeur Nederlands Architectuurinstituut, Rotterdam

Voorwoord Foreword Jo Coenen

Het was mijn leermeester Luigi Snozzi die mij reeds in een ver verleden toevertrouwde dat de ware opgave voor de architect het bouwen van de stad in al haar samenhang is.
Ik heb meer dan tien jaar gewijd aan de omvangrijke opgave voor de reconstructie van het Céramique-terrein: het transformeren van deze ommuurde industrie-enclave tot levend onderdeel van de stad Maastricht.
Ik heb van globaal tot fijn kunnen werken en ervaren hoe volledig en allesomvattend planning in wezen is en dat bij consequent doorvoeren langzaam maar zeker alle puzzelstukken op hun plaats vallen en de betekenis krijgen die ze behoeven.
Het transformatieproces beschrijft het ontwerpend onderzoek naar de potentiële betekenis van het gebied en zijn specifieke plekken. Het is een methode van werken waarin alles zijn volgorde heeft en naast de analyse van de actuele situatie en functionele behoeften een verdieping in de geschiedenis en topografie de sleutels tot de herformulering van de authentieke betekenis leverde en zijn genius loci aldus aan het licht komt.
Vanuit de karakteristieken van het gebied, de grenzen zoals muren, water en groen, ontstond de ruimte voor het samenbrengen van functies van diverse aard: dit hart in het

It was my mentor Luigi Snozzi who long ago taught me that the true assignment for the architect is to build the city in all of its inter-related facets.
I have spent more than ten years on the large-scale commission for the reconstruction of the Céramique site: the transformation of this walled industrial enclave into a vital part of the city of Maastricht.
I have been able to work on a scale ranging from general to detailed and have experienced how complete and comprehensive planning really is. When it is carried out consistently, all the pieces of the jigsaw puzzle fall slowly but surely into place and acquire the meaning they deserve.
The transformation process describes the design research into the potential significance of the location and its specific sites. It is a way of working in which everything has its sequence. Beside the analysis of the actual situation and functional requirements, going further into the history and topography of the site yielded the keys to the reformulation of its authentic meaning and brought its genius loci to light. The characteristic of the situation, with boundaries such as walls, water and greenery, determined the space for the combination of functions of various kinds: through its prominent position in the city, this heart in the Céramique district called for dominant and public functions. In this way a site was defined that contained the contours for forming a square on the northern side. Besides, t

as a virtually literal mirror reflection of the other bank of the ver – streets, squares and alleys built behind walls that were tuated on a higher level – and these elements provided me ith the adequate motif for the general solution on this side of e River Maas. To maintain the flow of the Céramique plan, this oncentration in the northern section, the North Node, created a rong need for the positioning of a second pole in the southern art. The retention of the Wiebenga Hall, with a cultural function o, contributed to the development of the South Node.
e result was the leit-motiv for the Céramique plan: a grid of thogonal streets running east-west and north-south. As a result reserving a green triangle beside the Maas, the north-south kis became the main support of the skeleton. The transitions d links in the north and south are responsible for the flowing ansitions and connection with the adjacent context in the north. the title of this book indicates, these are rough sketches.

etching seems to have become outdated in current architec-al practice, where many have transferred their design activity the computer. This is a matter of great concern. Sketching by nd, exploring with the pencil, playing with colours, is and mains an essential basis of the design process. It keeps your nd open and leaves scope for intuition. If you are lucky, you ay catch what is lurking in your posterior lobe. You will never anage to do that on the computer.

Coenen

Céramique-terrein vroeg door zijn prominente plaats in de stad om dominante en publieke functies. Aldus werd een plek gedefinieerd die de contouren voor pleinvorming aan de noordzijde in zich droeg. Bovendien was dit een nagenoeg letterlijke spiegeling van de overzijde van de rivier – straten, pleinen en stegen gebouwd achter hoger gelegen muren – en gaven deze elementen mij het adequate motief voor de generale oplossing aan deze zijde van de Maas.
Om de loop in het plan (Céramique) te houden bestond naast deze samenklontering in het noordelijk deel, de Noordknoop, de sterke behoefte om in het zuidelijk deel een tweede pool te positioneren. Het behoud van de Wiebengahal, met daarin ook een culturele functie, droeg bij aan het ontwikkelen van de Zuidknoop.
Zo ontstond het grondmotief voor het plan Céramique: een raster van orthogonaal verlopende oost-west en noord-zuid straten met een als gevolg van de uitgespaarde groene driehoek aan de Maas de noord-zuid as als hoofddrager van het skelet. De overgangen en verbindingen in het noorden en zuiden zorgen voor de vloeiende overgangen en aanhaking met de aanpalende context in het noorden.

De titel van dit boek geeft aan dat het gaat om schetsen. In de huidige architectuurpraktijk, waar velen hun ontwerpactiviteit naar de computer hebben verlegd, lijkt het schetsen een achterhaald fenomeen. Dat is een punt van grote zorg. Schetsen met de hand, tastend, bewegend met het potlood, spelend met kleuren, is en blijft een onmisbare basis in het ontwerpproces. Het houdt het denken open, laat ruimte voor de intuïtie. Zo kun je, als je geluk hebt, dat wat in je achterkwab rondspookt misschien vangen. Met de computer lukt dat nooit.

Jo Coenen

Inleiding Introduction **Herman Coenen**

In dit boek laten wij u meekijken in het grote pakket schetsen die architect Jo Coenen maakte tijdens de ontwikkeling van de Noordknoop en in de ontwikkelingsmomenten en achtergronden van dit stedenbouwkundig plan.

Wat is de Noordknoop en waar ligt deze?
'Noordknoop' was de naam die zich aandiende voor een ingewikkeld geheel van vragen, een 'knoop' zogezegd. Inmiddels is hij ontward en het plan waarom het ging is gebouwd: in Maastricht, op de oostelijke Maasoever, in de noord-westhoek van de nieuwe wijk Céramique, die ligt tussen het oude stadsdeel Wyck (tussen station en St. Servaasbrug) en de zuidelijker lopende Ringweg en Kennedybrug. Wie er heen gaat, zal zien dat het een complex knooppunt is waar veel met elkaar wordt verbonden en tot een eenheid gesmeed. Het talent van Jo Coenen als architect-stedenbouwkundige komt daarin ten volle tot uiting.

In het kort is de geschiedenis de volgende. In 1987 werd Jo Coenen benaderd door het stadsbestuur van Maastricht en het ABP met de vraag een ontwerp te maken voor de her-

This book opens up the large package of sketches that the architect Jo Coenen made during the development of the 'Nortł Node' project in Maastricht and the developmental stages and background to this urban development plan.

What is the North Node? Where is it situated?
'North Node' was the name given to a complex cluster of questions, a tangle of knots. By now it has been unravelled anc the plan it was about has been built: in Maastricht, on the east bank of the River Maas, sandwiched between the old city distri of Wyck (between the station and the St Servaas Bridge) and tł new Céramique district, which lies between Wyck, the Ringwe and the Kennedy Bridge. Anyone who goes there will see that is a complex intersection where a lot is brought together and forged into a unity. The talent of Jo Coenen as architect and urban developer finds its full expression there.
The history in a nutshell is as follows. In 1987 Jo Coenen was approached by the Maastricht Local Authority and the Nation Civil Pension Fund (ABP) to submit a design for the rebuilding the former factory site of Sphinx-Céramique.
After this ceramic industry had moved to another location, the site had degenerated into a dark and miserable corner, a lifel spot in the city. It obstructed the connections between Wyck ar the newer districts of the city further south, with their extensive housing estates, Provincial Hall, University Hospital, exhibitior

uilding and various large companies.
Vithin a few months a plan was ready (see De Sphinx ontrafeld
he Sphinx Unravelled], Buro Coenen, Eindhoven 1988).
ne Local Authority and the ABP got down to work with it. Public
pinion, interested parties, investors, building development
ompanies – support had to be raised in many different quarters
the plan was to be implemented. This was the start of a
ocess lasting more than ten years in which the district now
lled Céramique took shape. Many were involved in this
ocess and played an active role in it: the Maastricht City
ouncil and its Director of Urban Development, the ABP
vestment company, project developers MBO-Ruijters,
uwfonds and Wilma, and a range of architects from the
etherlands and further afield. Jo Coenen's role was that of
chitect supervisor: he coordinated the team of architects, each
whom was assigned a building on the site. (For a detailed
tory of the total process see Cahiers Céramique I+II,
aastricht Local Authority 1999.)
e basic idea for the Céramique plan envisaged an urban
trict with a main axis (now the Avenue Céramique) running
m north to south at a distance from the River Maas, with
ldings on both sides of it. This axis would terminate in a
nbolic point at each end. The choice for the southern end
on became clear: a provincial nuseum by Aldo Rossi. But a
nber of problems arose in connection with the northern end
uated between the bank of the Maas and the Avenue, and
nediately adjoining the Wyck district of Maastricht) which did

bebouwing van het voormalige fabrieksterrein van Sphinx Céramique. Na het vertrek van deze industrie naar een andere locatie was het terrein vervallen tot een donkere troosteloze hoek, een doodse plek in de stad. Het belemmerde de verbindingen tussen Wyck en de verderop naar het zuiden gelegen nieuwere stadsgedeelten waarin uitgestrekte woongebieden lagen, evenals het gouvernementsgebouw, het academisch ziekenhuis, een tentoonstellingsgebouw en diverse grote ondernemingen.
Binnen enkele maanden kwam er een plan (zie De Sphinx ontrafeld, Buro Coenen, Eindhoven 1988) en gemeente en ABP gingen ermee aan het werk. Publieke opinie, interessenten, financiers, bouwontwikkelingsmaatschappijen, in vele richtingen moest geworven worden, wilde men het plan realiseren. Een proces van meer dan een decennium was begonnen waarin de bouw van het stadsdeel, dat nu Céramique heet, tot stand kwam. Velen waren bij dit proces betrokken, speelden er een actieve rol in: het stadsbestuur van Maastricht en zijn directeur stadsontwikkeling, beleggingsmaatschappij ABP, projectontwikkelaars MBO-Ruijters, Bouwfonds en Wilma, evenals een keur van architecten uit binnen- en buitenland. De rol van Jo Coenen was die van architect-supervisor: hij coördineerde het team van architecten van wie ieder een eigen bouwlichaam binnen het hele gebied kreeg toegewezen. (Voor een uitgebreide geschiedenis van het totale proces, zie Cahiers Céramique I+II, Gemeente Maastricht 1999.)

Het grondidee voor het Céramique-plan behelsde een stedelijk gebied met een hoofdas (nu de Avenue Céramique) van noord naar zuid op enige afstand van de Maas, en aan weerszijden daarvan bebouwing. Deze as zou aan beide einden uitlopen in een symbolisch punt. Voor het zuidelijke punt was de invulling al spoedig duidelijk: een provinciaal museum van Aldo Rossi. Bij het noordelijke punt (gelegen tussen Maasoever en Avenue, en onmiddellijk grenzend aan het stadsdeel Wyck) dienden zich echter een aantal problemen aan die niet zo snel bleken te kunnen worden opgelost. De ligging van de voetgangersroutes, de vormgeving en bestemming van het stedelijk karakter, de

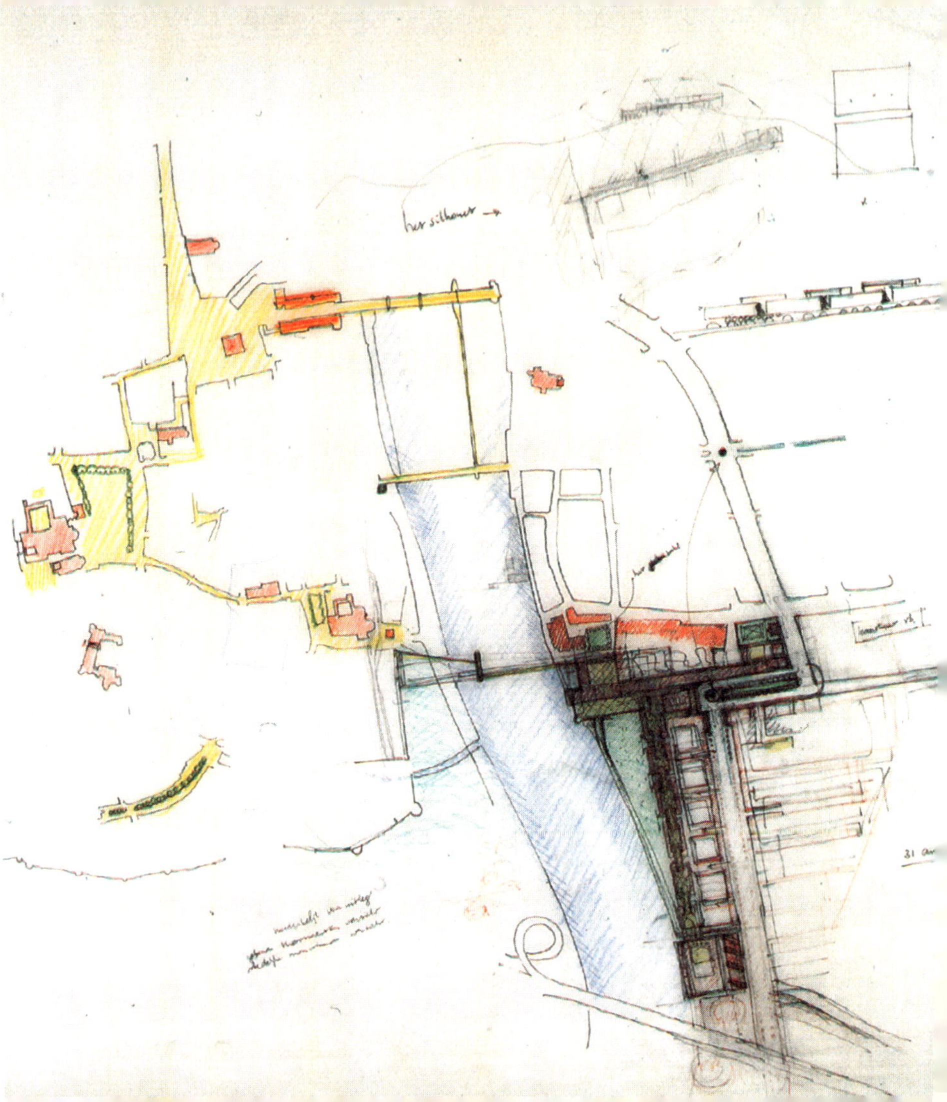

ıot seem likely to be resolved so quickly. The position of the pedestrian routes, the design and function of the urban character, the placing of the functions requested by the clients, the distinction and the connection between the different building masses, the point at which the bridge designed to link the site with the historic city centre would come on land – a tangle of questions, each of them intertwined with the others. The position of each of the parties involved (co-architects Galfetti, Kéromnes, nelder, Siza, Rosier-Meijs, Botta, Snozzi and Zuketto, the city ouncil, the investors, the building companies) also affected ach of these aspects. A real knot, in social and urban develop-ent terms, for the architect who acted as supervisor of the rocess. This book presents a selection from the many sketches at Jo Coenen made for this North Node area in the course of e development of the Céramique project, both for the complex s a whole and for the buildings that he designed himself: the orary-City Hall, the theatre and café, the square, offices and artments, and the underground garage. Seventeen ground ans show the gradual unravelling of the knot, supplemented ith Jo Coenen's own comments as an urban developer. In the ory that I have woven around it, I take the reader on a rsonal stroll through the North Node with its squares, ildings and views, through the history of its genesis, and ough Jo Coenen's style of working. Poetry flutters around e edges.

rman Coenen

plaatsing van de door opdrachtgevers gewenste functies, het onderscheid en de verstrengeling van de te ontwerpen bouwmassa's, de landing van de hier ontworpen brug vanaf de oude binnenstad – het was een kluwen van vragen, waarin alles met alles samenhing. En ook de positie van elk van de betrokkenen (co-architecten Galfetti, Kéromnes, Snelder, Siza, Rosier-Meijs, Botta, Snozzi en Zuketto, de stad, de beleggers, de bouwmaatschappijen) had invloed op elk van deze aspecten. Een ware knoop, stedenbouwkundig en sociaal, voor de architect die in het proces als supervisor optrad.

In dit boek wordt een selectie getoond van de vele schetsen die Jo Coenen in de loop van de ontwikkeling van het Céramique-project voor dit gebied van de Noordknoop heeft gemaakt, zowel voor het geheel als voor de gebouwen die hij persoonlijk ontwierp, met name de bibliotheek-stadshal, het theater annex café, het plein, kantoren en appartementen, en de onderaardse garage. Daarbij wordt in een zeventiental plattegronden de geleidelijke oplossing van de knoop zichtbaar gemaakt, aangevuld met Jo Coenens eigen stedenbouwkundige toelichtingen.
In een omlijstend verhaal neem ik de lezer mee op een persoonlijke wandeling, langs het gebied van de Noordknoop met zijn pleinen, gebouwen en uitzichten, langs de geschiedenis waarin het tot stand kwam, en langs Jo Coenens wijze van werken.
In de rand van de wandeling dwarrelt poëzie.

Herman Coenen

Noordknoop | North Node

Jo Coenen & Co

Ontwerpteam, Architecten | Design team, Architects

Jo Coenen met | with

Stedenbouw | Urban design Ady Steketee, Joop Slangen, Paul Kuitenbrouwer

Bouwontwerp | Building Design Geert Coenen, Bert Jeurissen

Assistenten | Assistants Frien Bongers, Danny Bovens, Andreas Eckmann, Hans Fransen, Stefanie Hesse, Sjef Lemmens, Mathias Lipscher, Hans van Niedek, Bettina Sättele, Hans Schoot, Ron Steiner, Lika Valentien, Andre Walraven

Samenwerkende architecten | Collaborating architects

Aurelio Galfetti, Lugano & Yann Kéromnes, Parijs | Paris; Snelder Vola Petit Architecten, Maastricht; Álvaro Siza Vieira, Porto; Bureau d'Études Greisch, Luik | Liege; Bureau Bouwadvies, Maastricht; Wilimas, Maastricht; Arn. Meijs Architecten, Maastricht; Transform, Maastricht; Hans Zuketto, Maastricht

Keramiek | Ceramic art Han van Wetering

Bronzen plaquette plein | Bronze plaque plein Jos Hermans

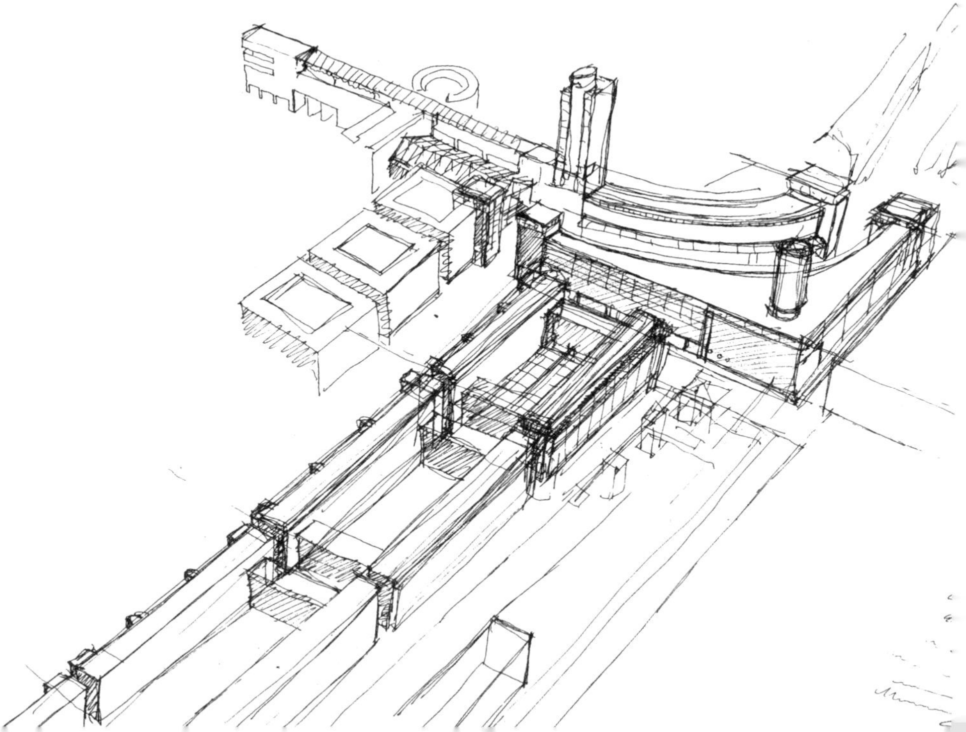

tersection close to the Avenue Céramique, I could make the venue the major north-south link, including for pedestrians. the intersection was closer to the water, a second north-south oute was created for pedestrians – more from the centre of the orth Node –, while the Avenue would then primarily become a oute for cars. If the riverside route was the only pedestrian one, e Avenue would become a route for both cars and pedestrians gain.

pography

e variant of the double route for the pedestrians, from the ntre of the North Node in a southerly direction, besides the ute through the Avenue, has special importance. This is where important leit-motiv of the project is implemented: the flection of the other side of the Maas, where at a distance m the river bank, behind a wide green strip, the old city rises a higher level behind the city wall. The succession of water, eenery, walls and buildings maintains the emotional associ-on with the old inner city of Maastricht, with its atmosphere d elegance, so that the intervention that was being planned re must not be felt as a radical break. This reflection confers eater clarity on the topography, the new plan acquires its bedding and harmonises with the genius loci. And the flow people gives the city its social continuity here as well. e configuration in stage 0 therefore envisages a quayside ll, coming from the north along the Maas. This wall turns at ht angles at the historic Polvertorentje, that is accentuated as

ten opzichte van de Avenue en van de rivier. Evenzo ten opzichte van Oud-Wyck (ten noorden hiervan) en ten opzichte van het begin van de nieuwe stad (ten zuiden hiervan). Door dit punt van noord naar zuid en van oost naar west te verplaatsen, konden we de rest van het plan manipuleren en zo het stadsdeel Oud-Wyck met zijn weefsels van kleine, bochtige straatjes verder of minder ver laten doorlopen. Door de kruising dicht bij de Avenue Céramique te leggen kon ik de Avenue tot de sterkste noord-zuidverbinding maken, ook voor voetgangers. Als de kruising dichter bij het water lag, ontstond er voor de voetganger een tweede noord-zuidroute, namelijk meer vanaf het midden van de Noordknoop, terwijl de Avenue dan vooral een route voor de auto zou worden. Indien de route langs het water de enige voor de voetganger zou zijn, zou de Avenue weer route voor zowel auto's als voetgangers worden.

Topografie

De variant van de 'dubbelroute' voor de voetganger, dus vanaf het midden van de Noordknoop naar het zuiden, naast de route via de Avenue, heeft bijzondere betekenis. Hier wordt namelijk een belangrijk leidend motief van het project gerealiseerd: de spiegeling van het beeld aan de overkant van de Maas, waar op enige afstand van de oever, na een brede groenstrook, de oude stad op een verhoogd niveau achter de stadsmuur verrijst. De opeenvolging van water, groen, muren en bebouwing houdt de gevoelsmatige associatie in stand met de oude binnenstad van Maastricht, met haar sfeer en elegantie, waardoor de ingreep die hier plaats moest vinden niet als een absolute

breuk zou worden ervaren. De topografie krijgt met deze spiegeling een grote helderheid, het nieuwe plan krijgt zijn 'inbedding' en sluit aan op de genius loci. En door de beweging van het publiek krijgt de stad hier ook haar sociale continuïteit.
De configuratie in fase 0 voorziet daarom in een kademuur, komend vanuit het noorden langs de Maas. Bij het historische Polvertorentje, dat als belangrijk draaipunt en verbinding van het oude met het nieuwe wordt geaccentueerd, maakt deze muur een kwartslag. Vanaf dit punt loopt hij van west naar oost, en een eindje verder draait hij dan weer in zuidelijke richting. Door deze beweging wordt een verhoogd plein ('balkon') gecreëerd, met uitzicht over water en groen en op de Sint-Pietersberg met zijn cementindustrie – waardoor ook de associatie met de vroegere industriële bestemming van het Sphinx-terrein aanwezig blijft.

Continuïteit

De continuïteit ten opzichte van de oude stad streefden we ook na in de aansluiting aan Oud-Wyck. Op de plattegrond ziet men door het bestaande huizenblok tegenover het zuidelijke uiteinde van de Rechtstraat een stippellijn lopen. Die hebben we daar getekend om een onderdoorgang te laten maken waarlangs het publiek komend van die kant een directe toegang zou krijgen tot de Ruiterij. Vanaf deze interieure ruimte – ten zuiden waarvan voorheen de muur van het Sphinx-fabriekscomplex liep – zou men dan zigzaggend in het daarachter liggende nieuwe gebied komen. In deze zigzagbeweging zou het effect van de bochtige straten van het oude stadsdeel worden voortgezet. Zo zou er

an important hub and link between the old and the new. From that point on it runs in a west-east direction, only to turn south a little further on. This movement creates a raised square or balcony, with a view of the water and greenery and of the Sint Pietersberg with its cement industry – thereby maintaining the association with the former industrial function of the Sphinx site

Continuity

We also endeavoured to preserve the continuity with the old ci in the link with the Oud-Wyck neighbourhood. On the plan yo can see a dotted line running through the existing block of houses opposite the southern end of the Rechtstraat.
We sketched it in there to create a subway that would give people coming from that direction direct access to the Ruiterij. From this interior space – the wall of the Sphinx factory used t run to the south of it – they would then arrive by a zigzag rou in the new area behind it. This zigzag movement would contin the effect of the twisting streets of the old part of the city.
This would create a fabric of internal urban spaces before they emerged in the open space of the balcony or in the new City Hall.
Another way in which we wanted to guarantee the continuity was by drawing houses orientated towards the rear of the houses in the Hoogbrugstraat. This also brought about continu in the system of functions (alternation of houses, shops, offices etc.). With regard to the river we promoted continuity by bringing water, embedded in flowing lines, deep into the plar

at is, right up to the round bulwark at the southeast corner of e City Hall. In the light of the old city plans, we suspected that e former city walls were situated there and that the water had us also reached that far in the past.

onsequences

at is how the 'rough ground' for the North Node was created. e orientation of the blocks of buildings followed from this: at 1 angle and perpendicular to the north-south axis, as an croachment on and limitation of the flow of public there. e result was the long strip from west to east, the row at an gle to the north of it, and the short row that extends north- ards from the strip. Within a right angle formed by the end of e strip and the end of the short row of houses, a thin line in ound plan 1 shows the old factory wall. It could be preserved d widened with a pergola covered with plants, which would eate a sort of colonnade surrounding a garden-like area as in monastery. It was also important to maintain a passage from e existing Hotel Maastricht to this walled area, from the bank the Maas to the Ruiterij. Another important site is the point ere the planned bridge meets the land, viz. on the balcony, d not immediately next to the wall but a little further on, so as t to disturb the flow of pedestrian traffic along the Maas.

een weefsel van interne stadsruimten zijn, voordat men uitkwam op de open ruimte van het balkon of in de nieuwe stadshal.
Verder wilden we de continuïteit waarborgen door woningen te tekenen vis-à-vis de achterkanten van de woningen aan de Hoogbrugstraat. Ook bewerkstelligden we daarmee de continuïteit in het stelsel van functies (afwisseling van woningen, winkels, kantoren, etc.). Ten opzichte van de rivier bevorderden we de continuïteit door water, ingebed in vloeiende lijnen, tot diep in het plan te brengen, dus tot aan het ronde bolwerk aan de zuidoostpunt van de Stadshal. Gezien de oude stadsplattegronden hadden we het vermoeden dat de vroegere stadsmuren daar hadden gelegen en dat in vroeger tijden het water dus ook tot daar was doorgedrongen.

Consequenties

Zo ontstond het 'regelwerk' voor de Noordknoop.
De richting van de bouwblokken volgde uit het voorgaande, namelijk schuin en haaks op de noord-zuidas, als overbouwing en begrenzing van de genoemde beweging van het publiek. Zo ontstond de lange 'balk' van west naar oost, de schuine rij ten noorden daarvan, en de korte rij die vanuit de 'balk' naar het noorden uitsteekt. In een hoek van negentig graden verlopend tussen het uiteinde van de 'balk' en de punt van de korte rij zien we op plattegrond 1 dun getekend de oude fabrieksmuur. Deze zou kunnen worden behouden en verbreed met een begroeide pergola, waardoor een soort kloosterlijke wandelgalerij zou ontstaan met in het midden een tuinachtig domein.

Verder was het van belang dat er tussen het bestaande Hotel Maastricht en deze ommuurde ruimte een doorgang bleef, van de Maaskade naar de Ruiterij. Van belang is ook de landingsplek van de geplande brug, namelijk op het balkon, en wel niet meteen bij de muur, maar een eindje verderop, om de voetgangersstroom vóór langs de Maas niet te verstoren.

De Avenue

Dan nog enkele opmerkingen over de bocht die de uit het noorden komende Wilhelminasingel verbond met de Avenue Céramique, die uit het zuiden komt: door de bocht zo te tekenen creëerden we een aansluiting op de voorname sfeer van de Wilhelminasingel, met zijn bomenrijen, en lieten we het verkeer frontaal uitkomen op de Stadshal, waarna het scherp linksaf moest buigen, de Avenue op. Daardoor zou men worden gedwongen af te remmen en een besef krijgen van de monumentale gebouwen op deze plek. We gaven dus geen prioriteit aan de gangbare verkeerswetten ('geen hindernissen, snel doorrijden'), maar aan de ervaring van de stad en haar gebouwen. De bebouwing langs deze bocht (aan de noordzijde in te vullen door Álvaro Siza, aan de zuidzijde door Mario Botta) lieten we deze zelfde lijn volgen.

Water

Ten slotte is er nog een interessant moment: het ronde bolwerk aan de zuidoostpunt van de Stadshal. Het is het eindpunt van een wandelroute die begint aan de Maas bij het

The Avenue

And now a few remarks on the bend that connected the Wilhelminasingel, coming from the north, with the Avenue Céramique, coming from the south: by sketching the bend in this way, we created a link with the stately atmosphere of the Wilhelminasingel with its rows of trees, and made the traffic emerge frontally at the City Hall, where it had to turn sharp lef to proceed up the Avenue. This would force motorists to brake and make them aware of the monumental buildings on this site So we gave priority not to the conventional traffic laws ('no obstacles, drive on fast'), but to the experience of the city and buildings. The buildings beside this bend (to be designed on th northern side by Álvaro Siza, and on the southern side by Mario Botta) followed the same line.

Water

Finally, there is one more interesting point: the round bulwark the south corner of the City Hall. It is the final point in a pedestrian route that starts at the Maas near the Polvertorentje and follows the water south of the 'defence line' (the straight wall c the southern side of the balcony and then the southern wall of the City Hall) that extends deep into the North Node area. On the south side this watercourse is bounded by a curved, more 'landscape-like' line.

The pedestrian route immediately to the west of the bulwark creates space to give maximal visibility to the City Hall and th water in front of it. From the Avenue a small flight of steps

Kromgetrokken blad
CROOKED BUCKLED LEAF

op het oude plein. Pootjes
ON THE OLD SQUARE. LITTLE FEET

lopend in de wind.
WALKING IN THE WIND.

escends to the pedestrian route to keep the water that comes own there in view. The round bulwark underscores the nportance of this route that connects the Avenue with the park ear the Maas.

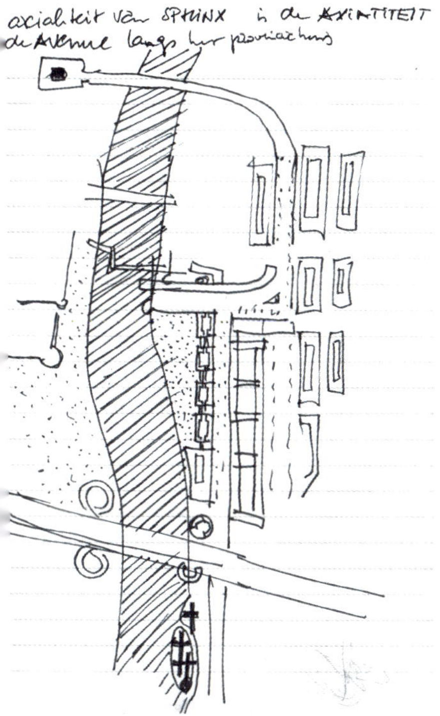

Polvertorentje en vandaar langs het water loopt dat ten zuiden van de 'vestinglijn' (de rechte muur aan de zuidzijde van het 'balkon' en vervolgens de zuidelijke wand van de Stadshal) diep het gebied van de Noordknoop binnendringt. Aan de zuidkant wordt deze waterloop weer begrensd door een gebogen, meer 'landschappelijke' lijn. De wandelroute onmiddellijk ten westen van het bolwerk schept ruimte om de Stadshal en het water ervoor zoveel mogelijk zichtbaar te maken. Vanaf de Avenue gaat een klein trapje omlaag naar de wandelroute, om het water zichtbaar te houden dat daar beneden zou komen te staan. Het ronde bolwerk onderstreept het belang van deze route, die de Avenue verbindt met het park bij de Maas.

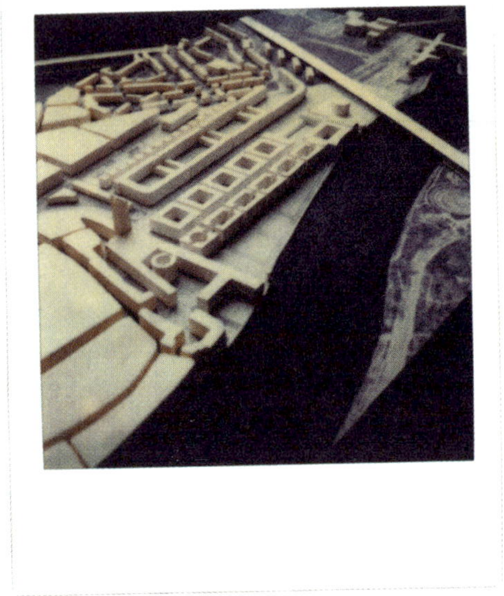

22 dagen SPHINX MAASTRICHT

22 ha. vol ideeën
massa
stedelijkheid
dichtheid
leven
beweging.

<u>het plan is</u> reconciliation (with the old fabric of Wyck)
connection (with Landwyck)
extention (of the city of Maastricht)

het plan <u>bindt:</u>
„het slot van sjeng" met het stadhuis
de oude stad met de nieuwe

het plan bouwt <u>opnieuw</u>
de zo typische
MUREN van MAASTRICHT

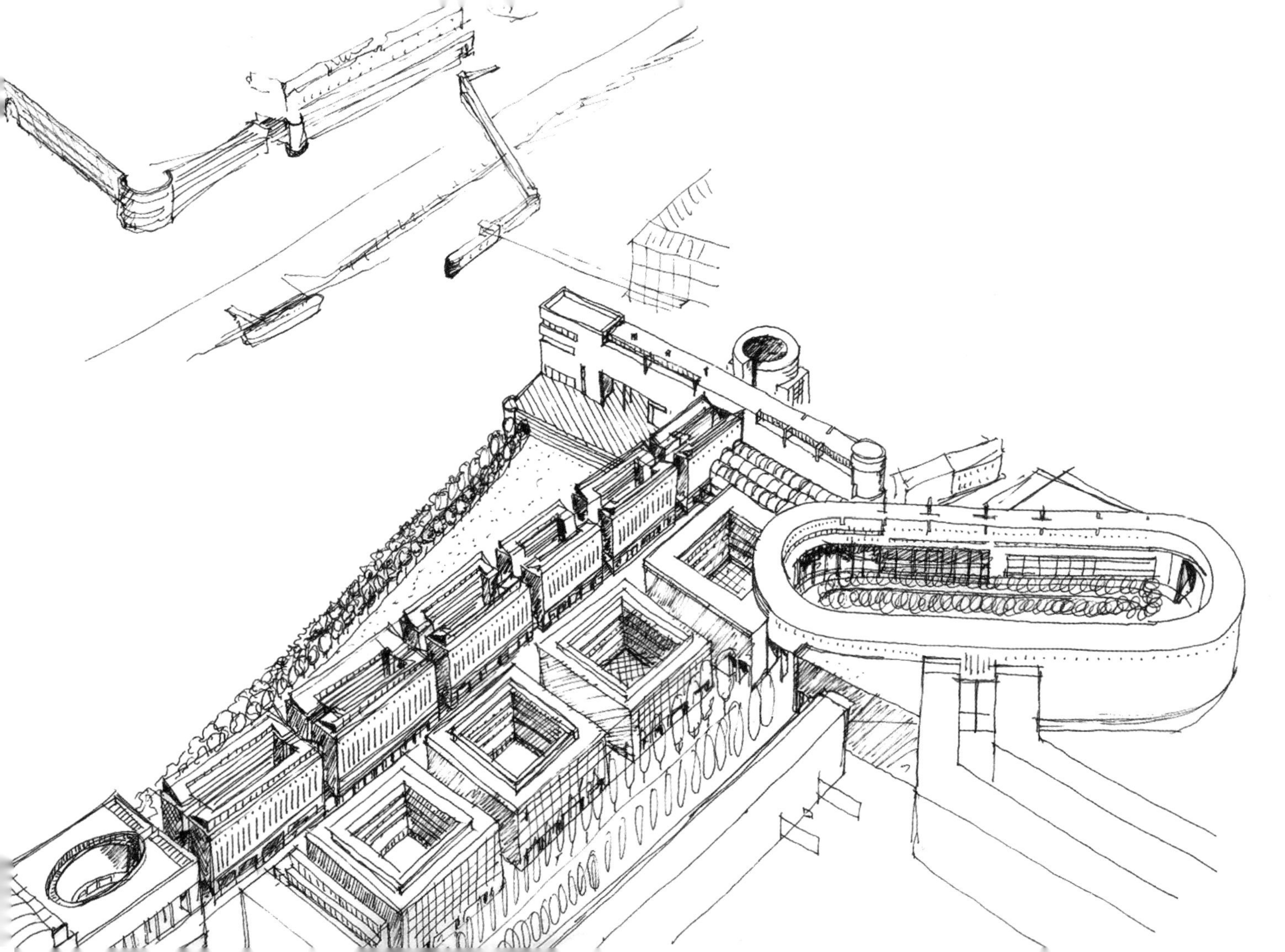

This sketch is our response to a number of sceptical comments by the developers on the first plan. Their questions concerned more space for offices, shops and hotel extension, and a reduction in size and emphasis of the City Hall, which they wanted to see reduced to a small alley with a glass roof.
So now we see a sort of 'search design', in which the Ruiterij and adjacent area are much larger, the long strip with houses has been moved further to the south, the balcony is merely a wide promenade, and the City Hall – no more than a street w a glass roof – has been squeezed in between the strip of hous and an office block. The hotel is enlarged parallel to the Ruiterij.
A sketch like this is intended as an investigation into the consequences of certain ideas. It makes undesirable consequences visible and can thus play a role in the further discussion.

Overdekte straat Roofed street

Deze tekening is ons antwoord op een aantal sceptische commentaren van ontwikkelaarszijde op het eerste plan. Hun vragen gingen over meer ruimte voor kantoren, winkels, hoteluitbreiding, en een verkleining en geringere prononcering van de Stadshal, die men gereduceerd wilde zien tot een met glas overdekt straatje. Zo zien we nu een soort 'zoekontwerp', waarin de Ruiterij en aangrenzend gebied veel ruimer zijn geworden, de lange 'balk' met woningen naar het zuiden is opgeschoven, het 'balkon' nog slechts een brede promenade is en de Stadshal – niet meer dan een straat met glazen dak – ineengedrukt wordt tussen de woningbalk en een gebouw voor kantoren. Verder zien we parallel aan de Ruiterij een uitbreiding van het hotel.
Een tekening als deze is bedoeld als onderzoek naar de consequenties van bepaalde gedachten. Ze maakt ongewenste gevolgen zichtbaar en kan zo een rol spelen in de verdere discussie.

Ter oriëntatie volgen hier de belangrijkste plekken en objecten waarvan in de toelichtingen sprake is.

The main sites and objects mentioned in the explanatory text are indicated here for the purpose of orientation.

Maas	1
Hotel	2
Villa Jaunez	3
Ruiterij	4
Hoogbrugstraat	5
Wilhelminasingel	6
Avenue Céramique	7
Stadshal | City Hall	8
Plein (het 'balkon') | Square ('balcony')	9
Toren van | Tower block by Siza	11
Haak | Hook	12
Stoa-gebouw | Stoa building	13

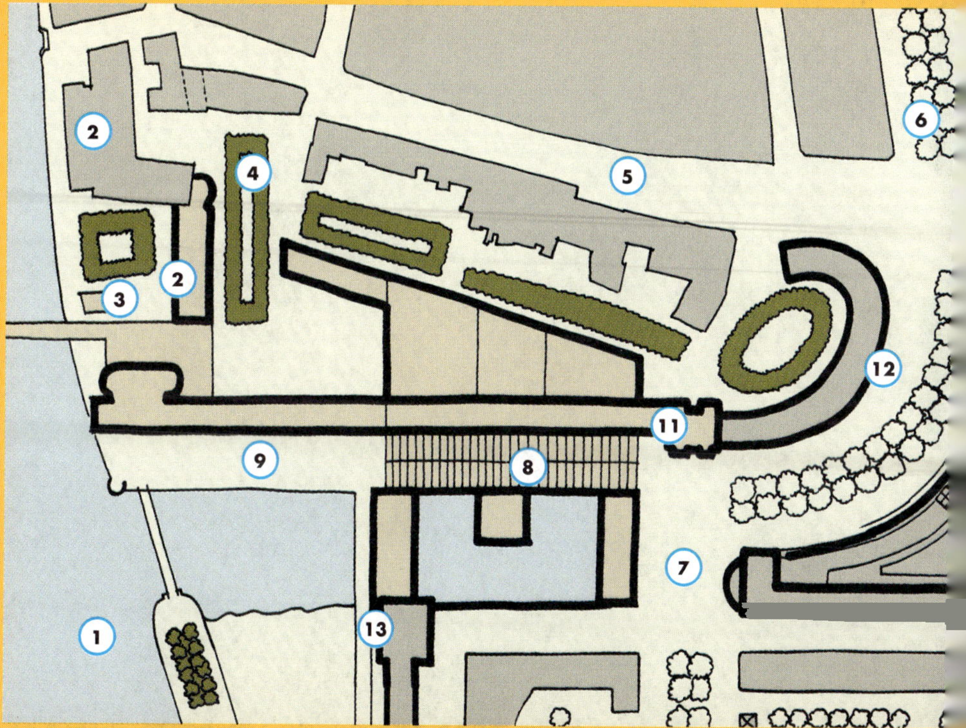

ne bridge

genuinely novel feature is the point where the bridge meets e land. This is no longer situated in the middle of the open, terior area of the balcony, but in an interior space between o bridgeheads – a classic solution, which I once learned from y mentor Luigi Snozzi. One bridgehead is the existing Villa unez, where we held our meetings at that time, the other is an al building attached to the western tip of the strip, which ereby terminates in a clear-cut way.

De brug

Een werkelijke vernieuwing is de landing van de brug. Deze komt niet meer aan midden in de open, exterieure ruimte van het balkon, maar in een interieure ruimte tussen twee bruggenhoofden – een klassieke oplossing, die ik ooit van mijn leermeester Luigi Snozzi leerde. Het ene bruggenhoofd is dan de bestaande Villa Jaunez, waar we in die tijd onze vergaderingen hadden, het andere een ovaal gebouw, aangehecht aan het westelijk uiteinde van de 'balk' die daarmee ook een duidelijke beëindiging kreeg.

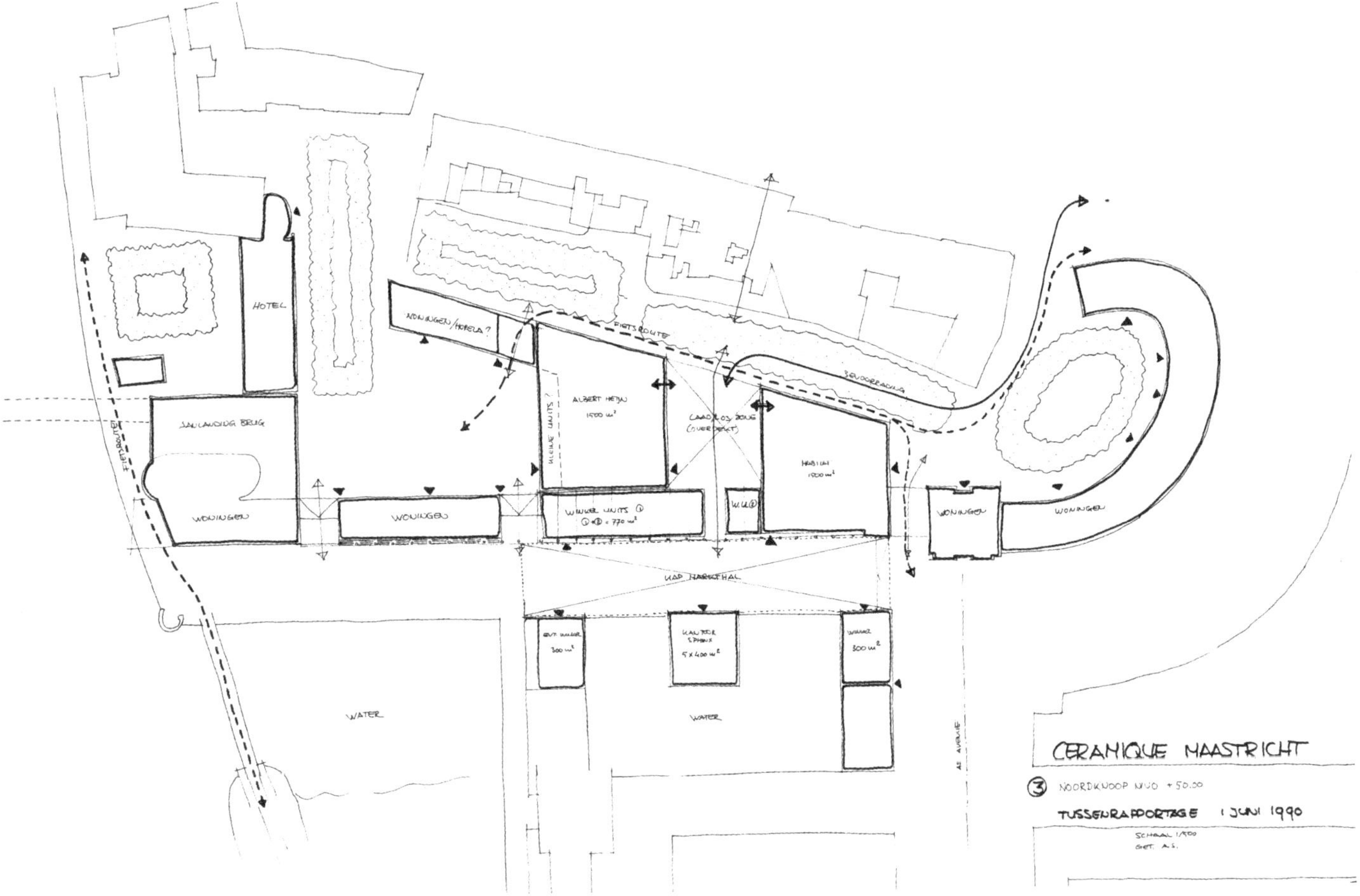

Noordknoop 'Hockeystick' I 01.06.90

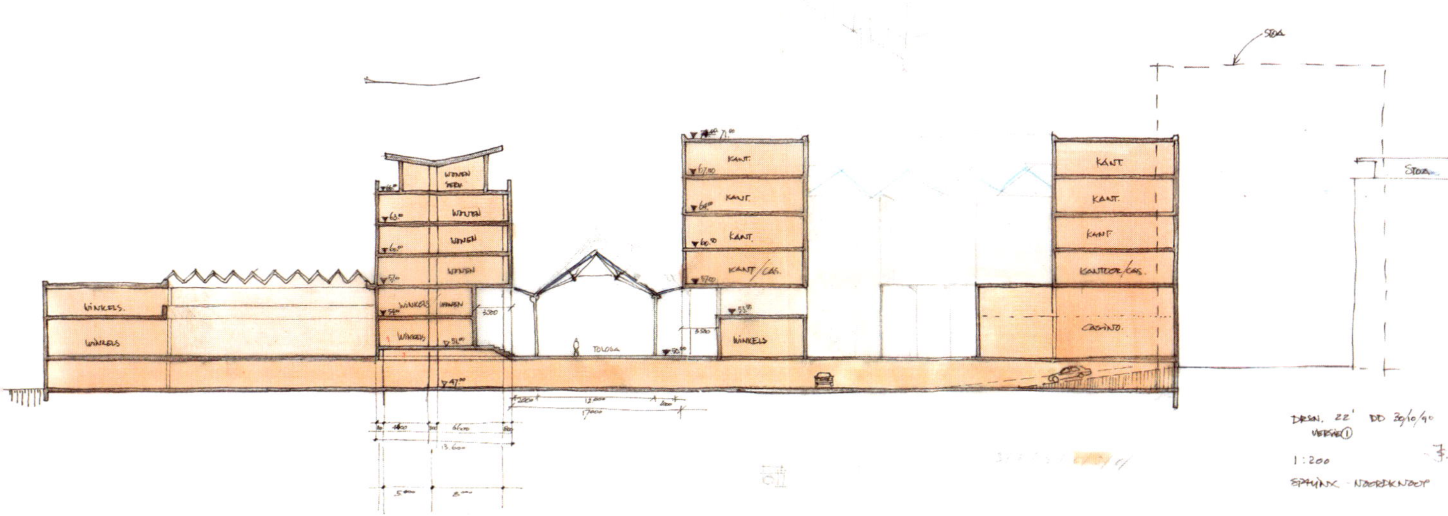
WINKELS.
WINKELS
WONEN
WINKELS
TOLOGA
KANT.
KANT/CAS.
WINKELS
KANTOOR/CAS.
CASINO.
1:200

31 jan.

opdracht rondknoop door MBO-Ruyters aan mij. Mijn assistenten zullen zijn: Bettina Sättele en Otto Postel.

Als architektonische uitgangspunten gelden: de rib ~~waar~~ als afsluiting van Wyck waartegenaan en Wilhelminalaan vele functies en loopwegen geregeld worden.

het is een plan dat de x ende van Nam het sphinx plan vastlegt.

opdrachtgeververtegenwoordigers zijn

Jaap	Joldersma	MBO	ontwerp.
Huub	Benken	Ruyters	uitvoering
Paul	Hoeks.		

technische procesgang   Grabowsky + poort.

ABP. [bouwen → verhuren → rendement x. 8%   – ABP eigenaar.

behalve winkels   1/2 ABP huur.   1/2 MBO Ruyters koop.

[ABP   huurwoningen   opdrachtgever.

Totale bouwtijd 2 jr.

1. hotel.   / bilderberggroep 1 mrt.   Anselmus + 6 P.   karlsruhe. parkeergarage. constructeur. layout.
2. kop / toren.
3. rib gebouw.
4. winkels etc
5. hal
6. parkeergarage   open structuur.   logische stijgpunten automatisch

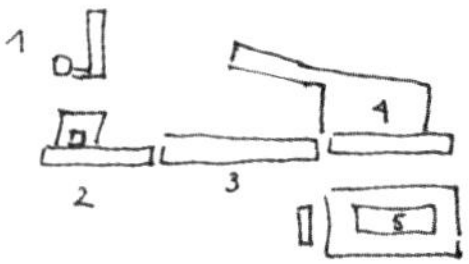

→ 3 werkteams.

opdrachtgever   ABP.   arch. kunst.   Bouwteam. informatie

opdrachtgever   arch.   kunst.   Werkteam 3.

1. 1 mrt.   principieel getoetst door bilderberggroep.

Lopen tot de rand.

I WALK TO THE EDGE.

Stegen, pleinen, water. Meeuw

ALLEYS, SQUARES, WATER. GULL FLIES

naar de overkant.

TO THE OTHER SIDE.

ORDKNOOP CÉRAMIQUE 30.04.90

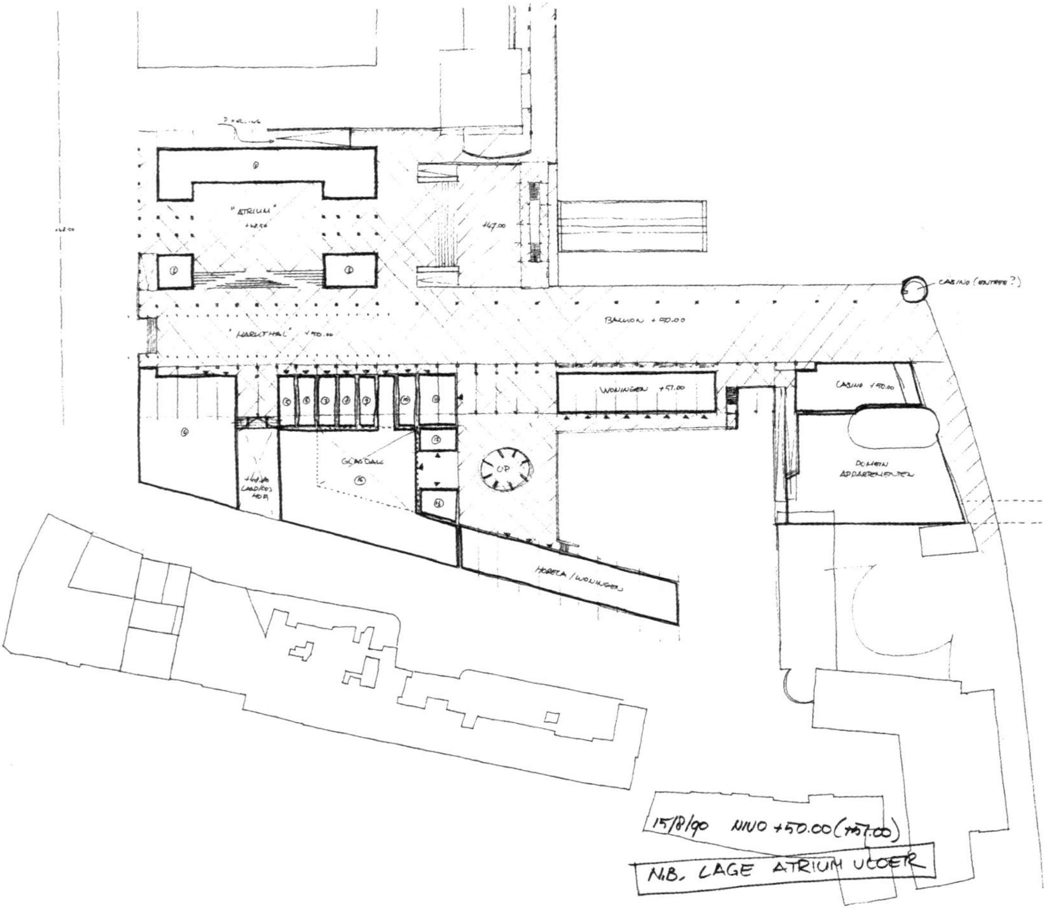
"ATRIUM"
"MARKTHAL" +50.00
BALLON +50.00
+47.00
WONINGEN +57.00
CASINO +50.00
DOMEIN
APPARTEMENTEN
GLASDAK
OP
HORECA / WONINGEN
CASINO (ENTREE ?)
15/8/90 NIVO +50.00 (+57.00)
N.B. LAGE ATRIUM VLOER

De brug over gaan,

CROSS OVER THE BRIDGE,

waar vader ooit voor ons vocht.

WHERE FATHER ONCE FOUGHT FOR US.

Jouw gebouwen zien.

AND SEE YOUR BUILDINGS.

5.5 1993

1240. ST-DENIS – Canal et Passerelle du Chemin de Fer E.M.

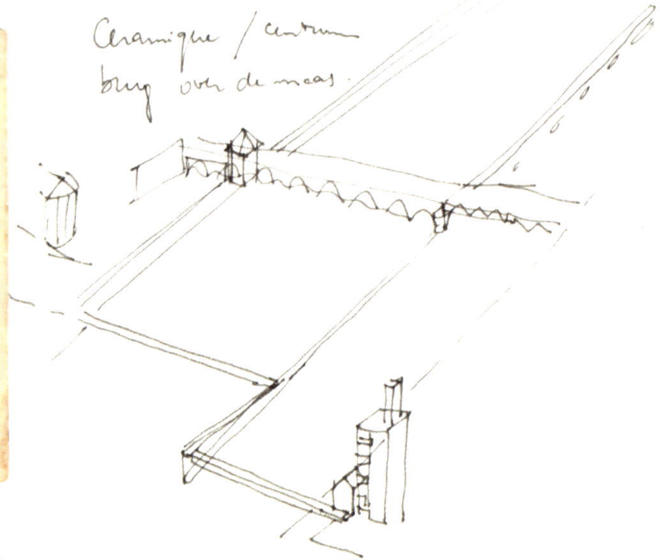
Ceramique / centrum
brug over de maas.

Namur. – Panorama vers Wépion

Haspunt-toren.

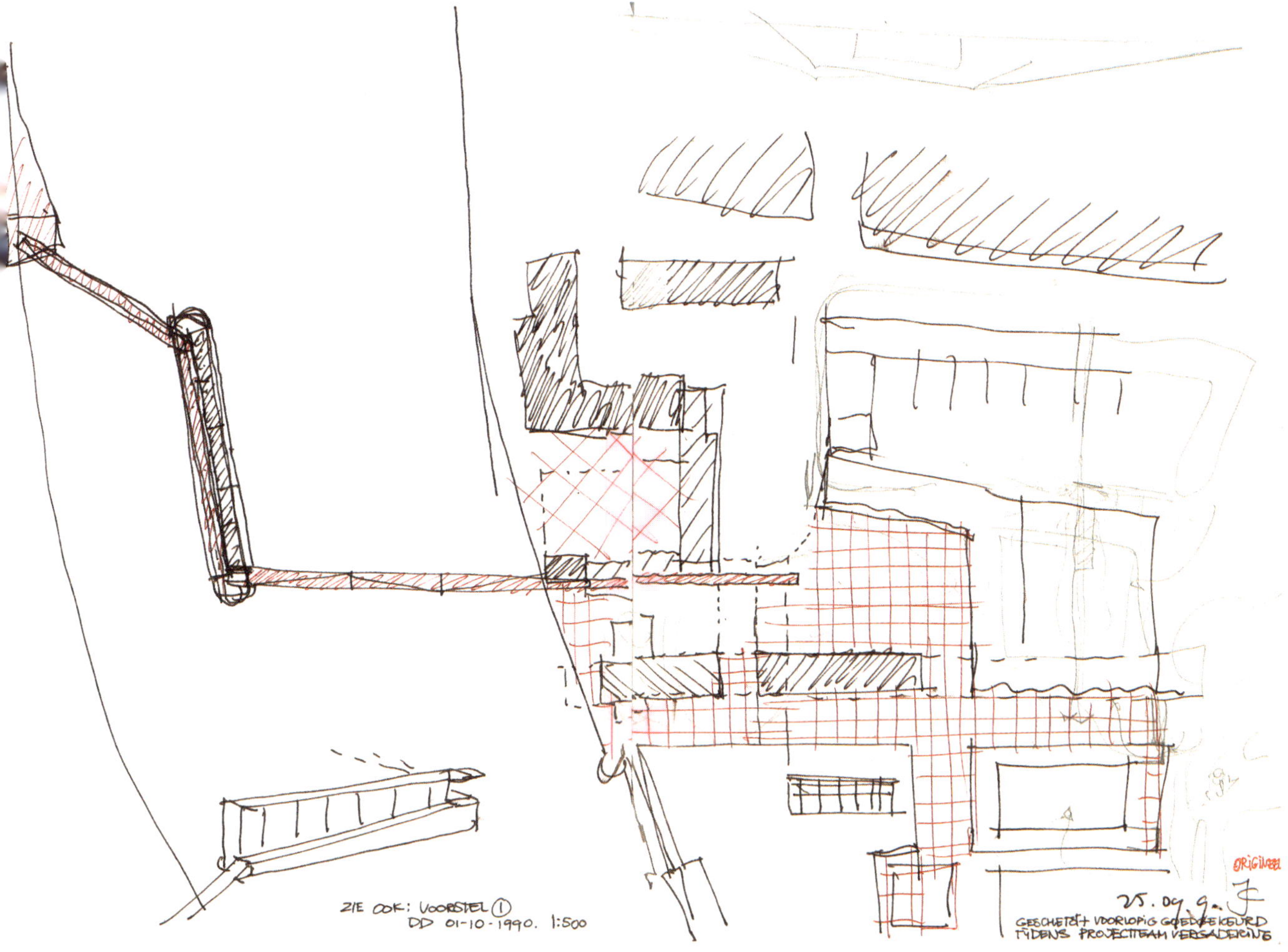
ZIE OOK: VOORSTEL (1)
DD 01-10-1990. 1:500
ORIGINEEL
25.09.9.
GESCHETST + VOORLOPIG GOEDGEKEURD
TIJDENS PROJECTTEAM VERGADERING

Schets | Sketch Aurelio Galfetti

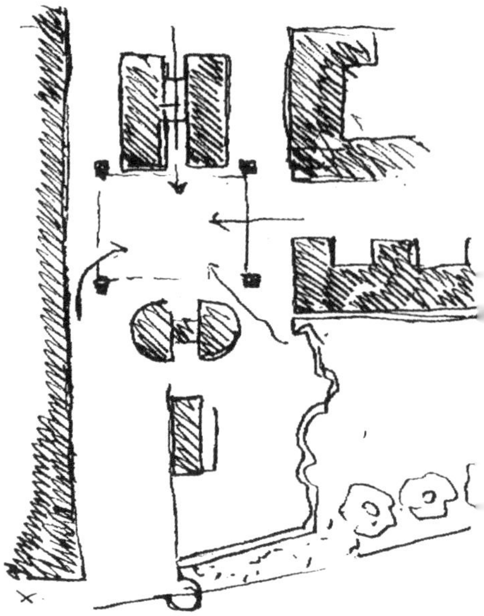

Schets | Sketch Jo Coenen

ound the strip

e shops and houses are elaborated in more detail. Note the using block at an angle to the north of the strip, and beside he four small blocks of houses above the shop areas. e housing is placed here because of the vis-à-vis character in ation to the backs of the houses on the Hoogbrugstraat. ne possibility that was discovered during the previous stage is aborated in more detail here: creating a passage and view m the Ruiterij to the back of the 'hook' to be constructed by za at the eastern end of the strip. This is now defined by the uble row of trees and by the suggestion of buildings to the ar of the houses in the Hoogbrugstraat. The logistics of ading and unloading for the shops north of the strip is also kled by means of this passage and the direct link with the ogbrugstraat.

a detaches his tower block from the curve of the strip and sets diosyncratically at an angle to the direction of the Avenue.

afgebouwde Oud-Wyck en het nieuwgebouwde Sphinx-Céramique, anderzijds tussen Maas, Bordenhal en Avenue Céramique, wordt duidelijk. Het wordt een zeer belangrijk kruispunt en maakt zich daardoor los uit de omgeving.

Rondom de balk

Verder worden de winkels en woningen preciezer uitgewerkt. Zie het schuine blok (woningen) ten noorden van de 'balk' en daarnaast de vier blokjes (woningen) boven op de winkelruimten. De woningen worden hier geplaatst vanwege het vis-à-vis-karakter ten opzichte van de achterzijde van de woningen aan de Hoogbrugstraat. Een mogelijkheid, in de vorige fase ontdekt, namelijk om vanuit de Ruiterij een doorgang en doorzicht te creëren tot aan de achterkant van de door Siza te bouwen 'haak' aan het oostelijk uiteinde van de 'balk', wordt hier ook uitgewerkt. Dit wordt nu gedefinieerd door de dubbele bomenrij en door een suggestie te geven tot bebouwing aan de achterkant van de woningen aan de Hoogbrugstraat. De pragmatiek van het laden en lossen voor de winkels ten noorden van de 'balk' wordt ook via deze doorgang en de directe verbinding met de Hoogbrugstraat aangepakt.

Siza maakt zijn toren los uit de kromming van de 'balk' en legt hem op eigenzinnige wijze scheef op de richting van de Avenue.

impressies noordkop sphinx
5.8.91

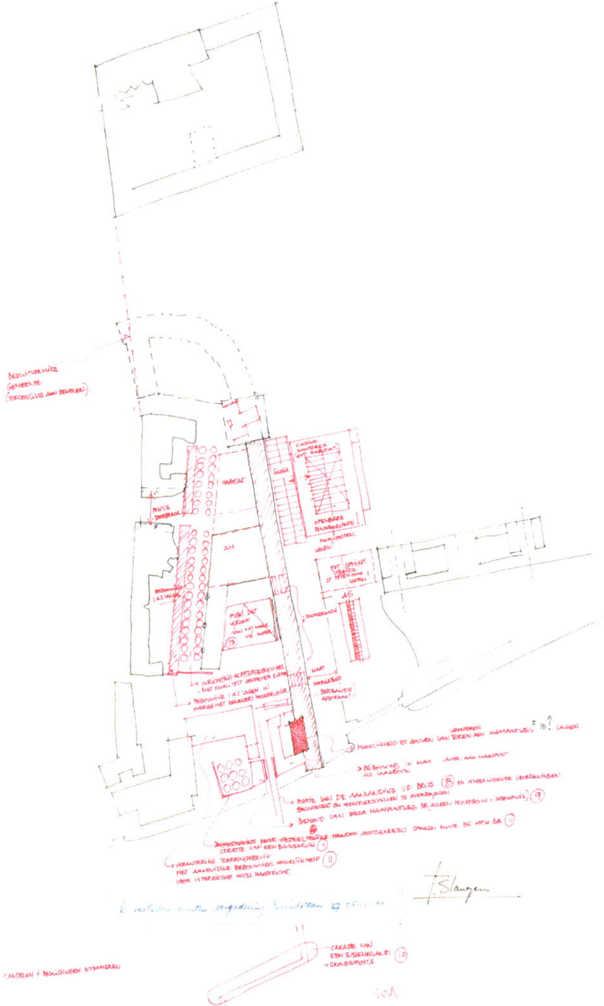

AH
POSITIE VAN DE AANLANDING VD BRUG 8
BEHOUD VAN VILLA MAASPUNTWEG 38
CREATIE VAN EEN BINNENTUIN
VERANDERING TERREINGEBRUIK
MET AANVULLENDE BEBOUWINGSMOGELIJKHEID
VOOR UITBREIDING HOTEL MAASTRICHT.
CREATIE VAN
EEN TUSSENEILAND
F. Slangen

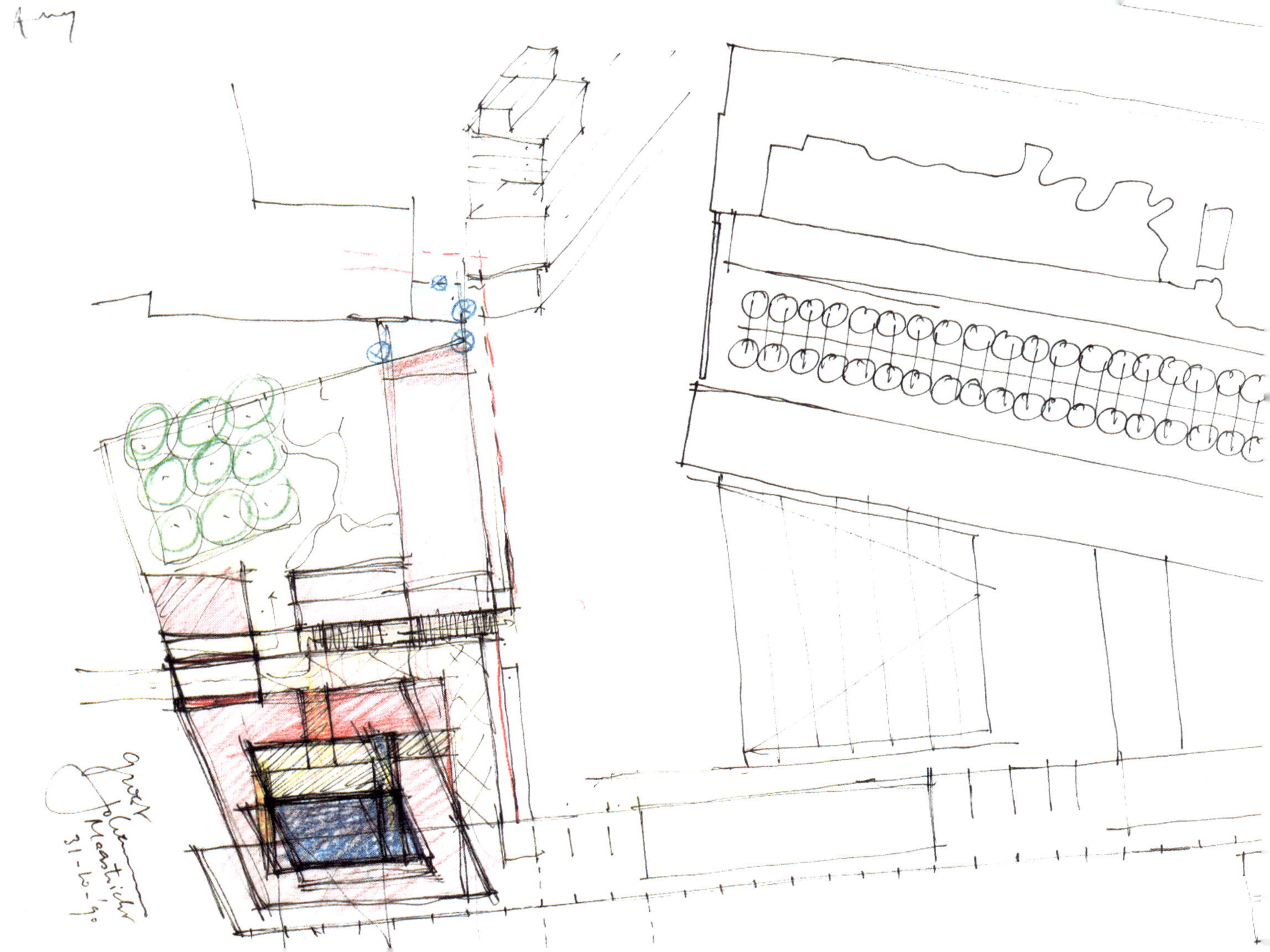
Maastricht
31-10-'90

Drie zonnen worden

THREE SUNS BECOME TWO.

twee. Min één is één. Sta stil:

MINUS ONE IS ONE. I STOP:

rivier houdt hem vast.

RIVER HOLDS IT.

ARTEMIDE
17 maart 91

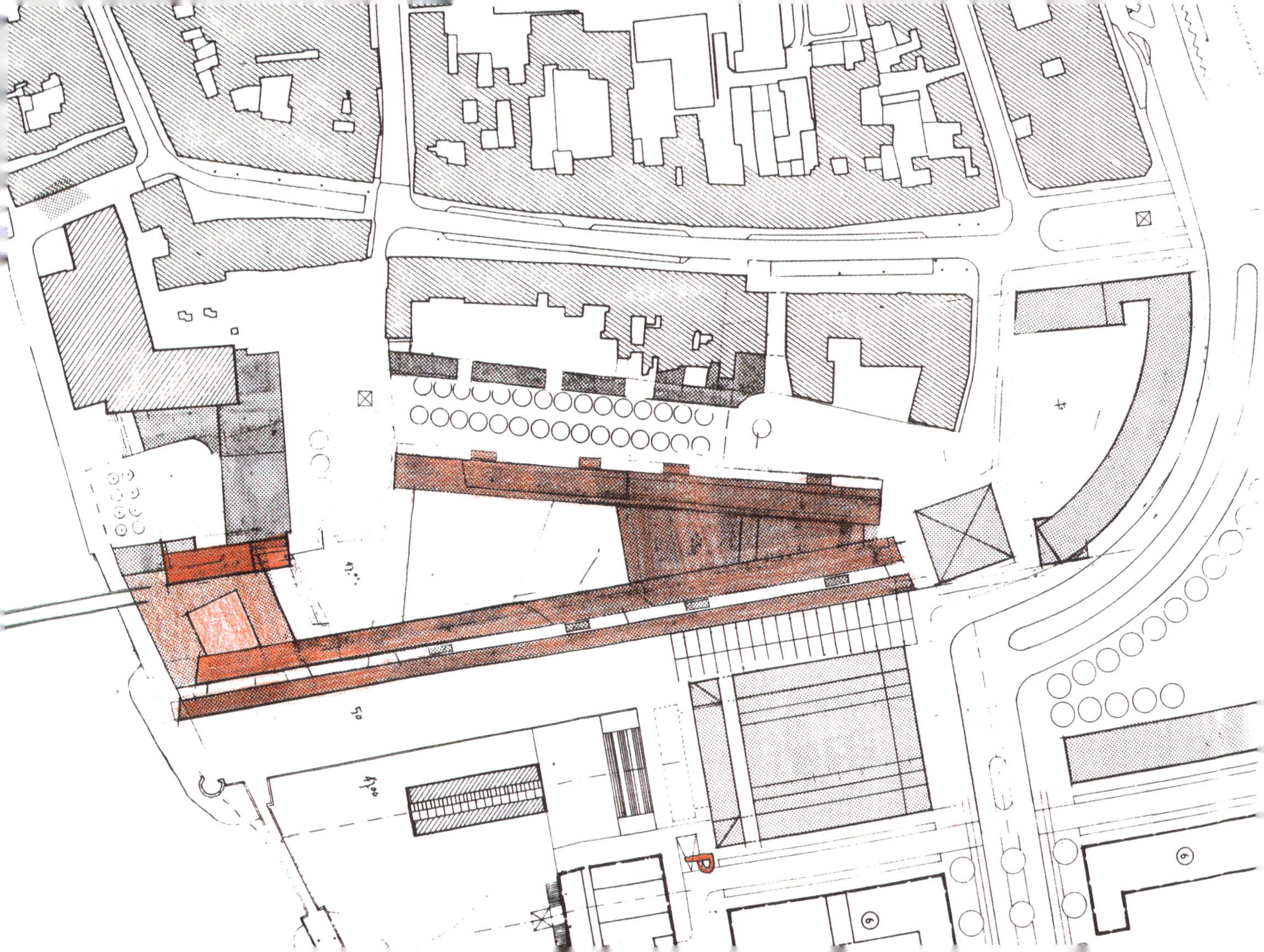
50
6
6
6

11.8.91
Sphinx JC.

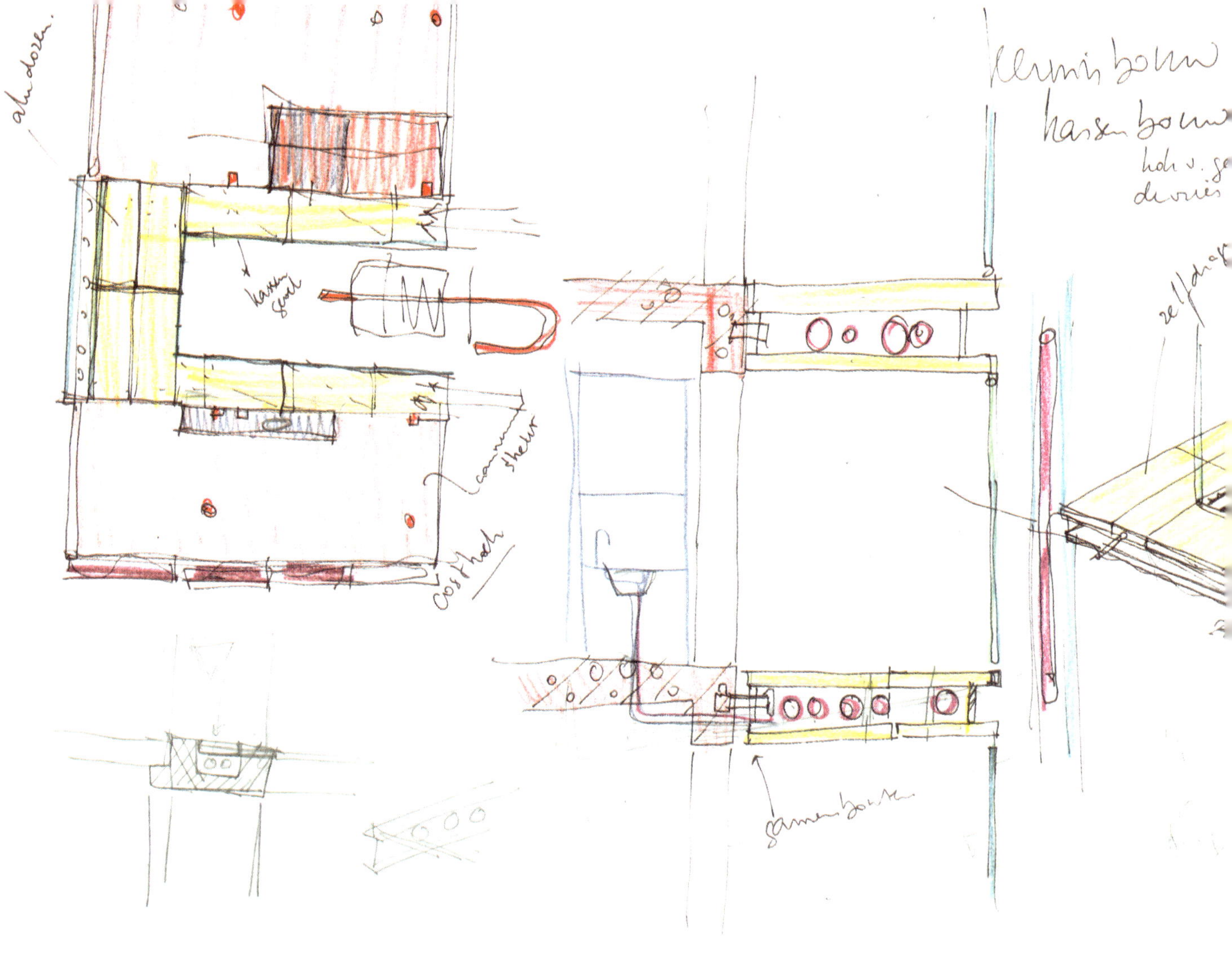

DAKLANDSCHA

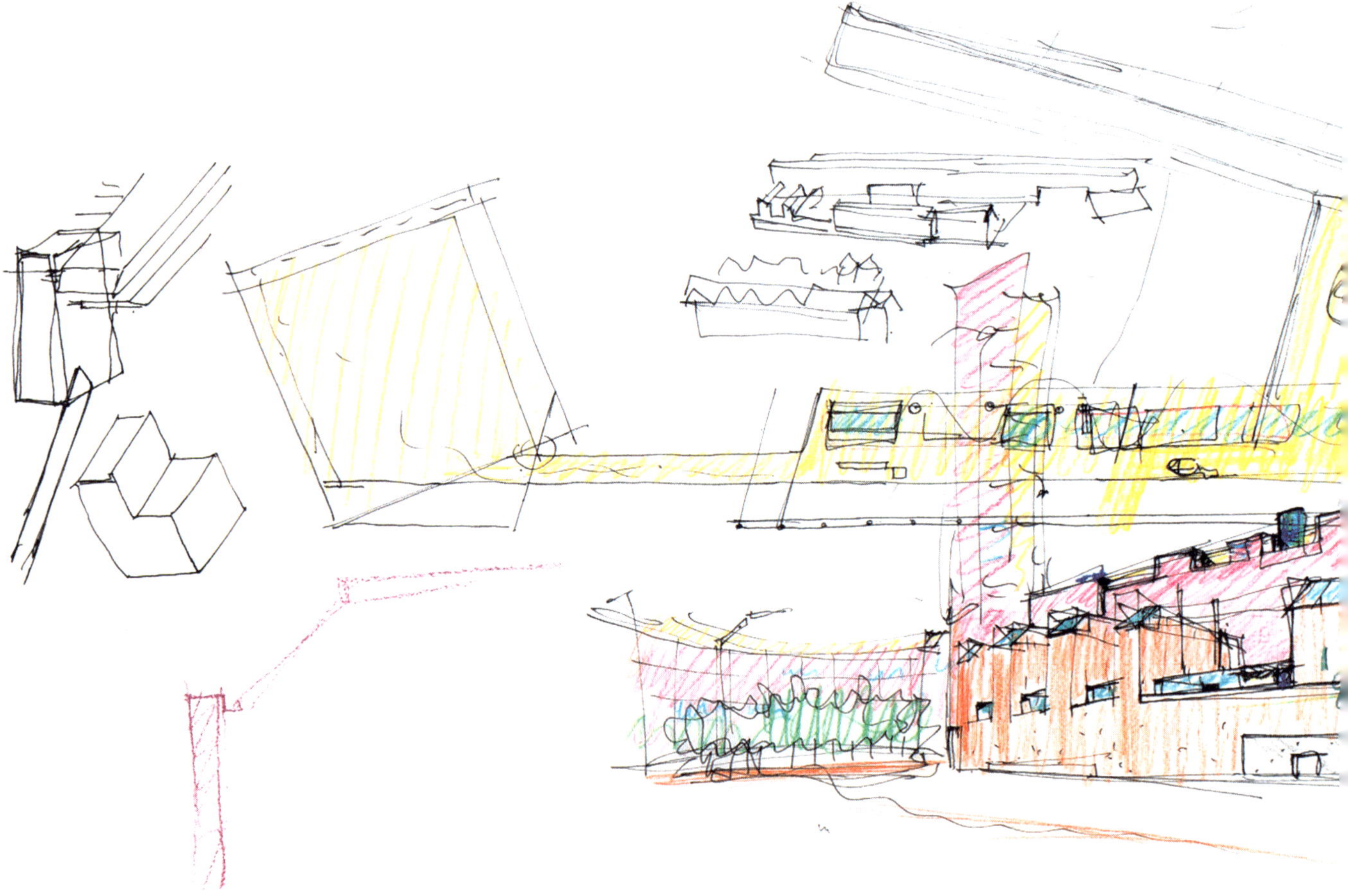

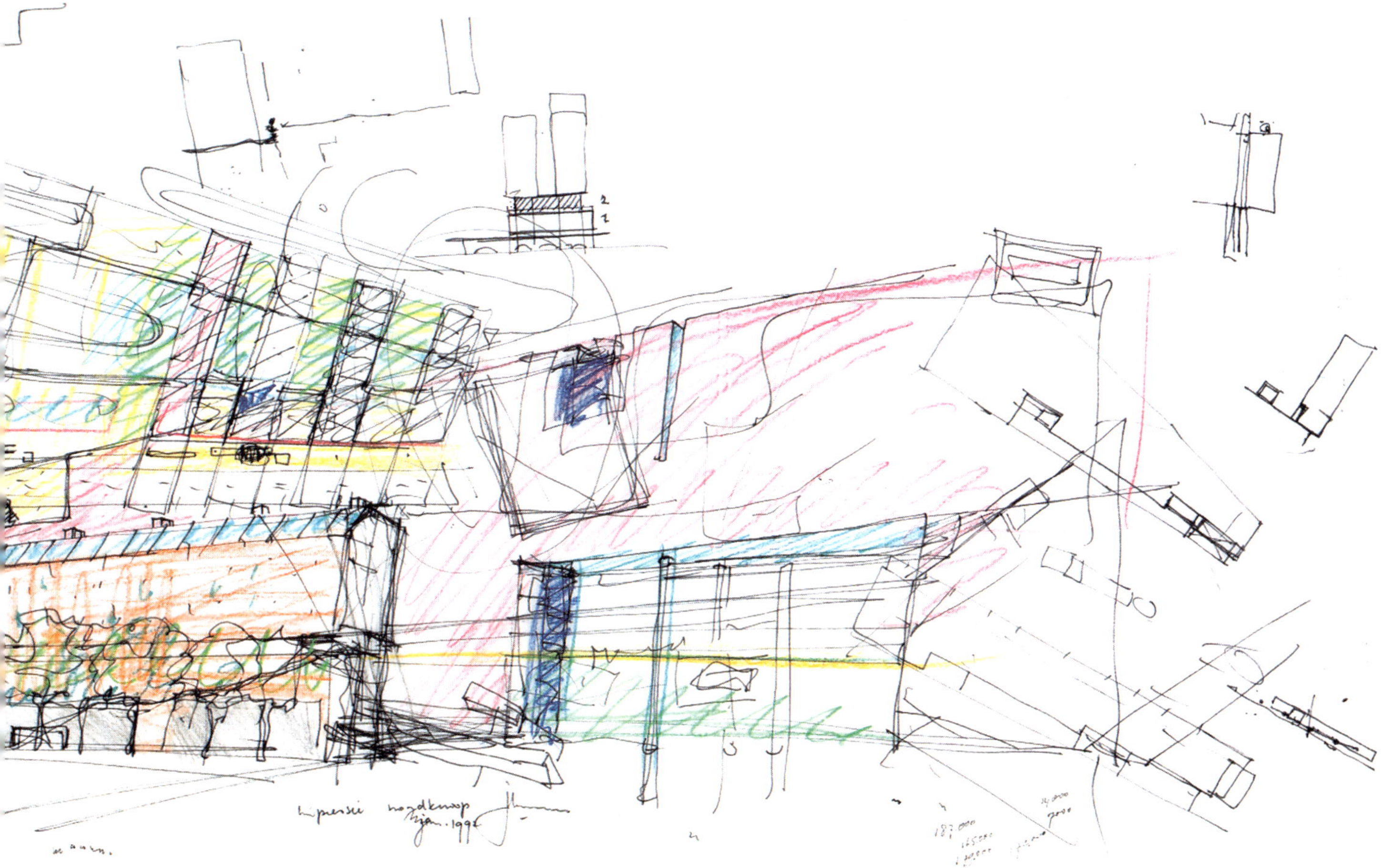

aansluiting
onderlangs
maart 1992

e strip

other change is that the blocks of apartments that had been etched above the shops in the previous stage have now appeared. Housing has been replaced in the strip, which now s an empty space throughout its full length. This brings light d air into this building, which would otherwise be too dense. e also get more to grips with the details of the housing, in an perimental direction.

e bridge

for the point where the bridge meets the land, the tower at western end of the strip has been replaced by a larger ject, and the extension of the hotel has been shifted back vards the north.

e walls and the public zone

e route along the Maas from the Polvertorentje is defined re precisely. The area to the south and west of the Bordenhal ketched in as a sort of fortification. This is connected with the covery of old city walls, whose existence there I had already pected. That discovery was very important. The walls turned to be further south than I had supposed. This created the age of a unique area between the strip and the old city wall. s could now become the zone for the other activities, that is, public, social functions in addition to the purely market-ated ones that had been advocated by the investors. After all, ity district is more than just marketable pragmatism. I was

De balk

Verder zijn de woontorentjes die in de vorige fase boven op de winkels getekend waren, verdwenen. De woonruimte is teruggeplaatst in de 'balk', die nu van een over de volle lengte lopende vide is voorzien. Op deze wijze wordt er licht en lucht binnengehaald in dit gebouw, dat anders te 'dik' zou worden. Ook krijgen we steeds meer greep op de uitwerking van de woningen, en wel in experimentele richting.

De brug

Wat betreft de landing van de brug zien we dat de toren aan het westelijk uiteinde van de 'balk' vervangen is door een groter object, en dat de hoteluitbreiding weer is terug-geschoven naar het noorden.

De muren en de openbare zone

De route langs de Maas, vanaf het Polvertorentje, wordt nader gedefinieerd. Het gebiedje ten zuiden en ten westen van de Bordenhal wordt ingetekend als een soort vestingpunt. Dit hangt samen met de vondst van de oude stadsmuren, waarvan ik de ligging op die plaats al eerder had vermoed. Die vondst had grote betekenis. De muren bleken zuide-lijker te liggen dan ik steeds had gedacht. Daardoor ontstond nu het beeld van een eigensoortig gebied, tussen de 'balk' en de oude stadsmuur. Dit kon nu de zone worden voor de 'andere' activiteiten, dat wil zeggen de openbare, sociale functies, naast die welke puur marktgebonden waren en door de beleggers werden gepropageerd.

Een stadsdeel is immers meer dan enkel verkoopbare pragmatiek, daar was ik me vanuit de stedenbouwkundige traditie sterk van bewust.
In deze zone kwam dus het scharnier te liggen, het draaipunt tussen noord en zuid, tussen oost en west. Bordenhal, trap en kantorenobject vormden de los van elkaar geschakelde, betekenisvolle onderdelen van dit scharnier. Om de publieke betekenis van de zone te vergroten, trek ik een mooi glazen dak over de Bordenhal en de monumentale trap heen. En het kantorenobject, dat nu op het niveau van de stadsmuur kon worden getild, zou hierdoor topografisch en historisch betekenis krijgen. Intussen tekende Galfetti vele varianten van het gebouw, de ene nog mooier dan de andere, om het eigen karakter ervan tot uitdrukking te laten komen. Onder andere bedacht hij beschilderde plafonds waarin het water, dat van de Maas tot hier zou doorlopen, zou worden weerspiegeld. In het hart van het gebouw ontstond zo een prachtige openbare plek.

strongly aware of that from the urban development tradition. So it was in this zone that the hinge came to lie, the turning point between north and south, east and west. The Bordenhal, staircase and office block formed independent, significant pa of this hinge. To enlarge the public significance of the zone, I place an attractive glass roof on top of the Bordenhal and th monumental staircase. And the office block, that could now b raised to the level of the city wall, would acquire topographic and historical importance through this. In the meantime Galfe sketched numerous variants of the building, each one better th the one before, to express its unique character. One of his ide was the painted ceilings that would reflect the water, which would run from the Maas to here. In this way a wonderful pu space was created in the heart of the building.

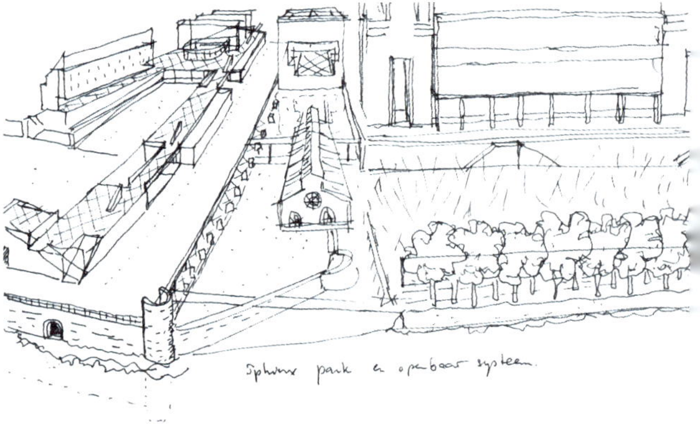

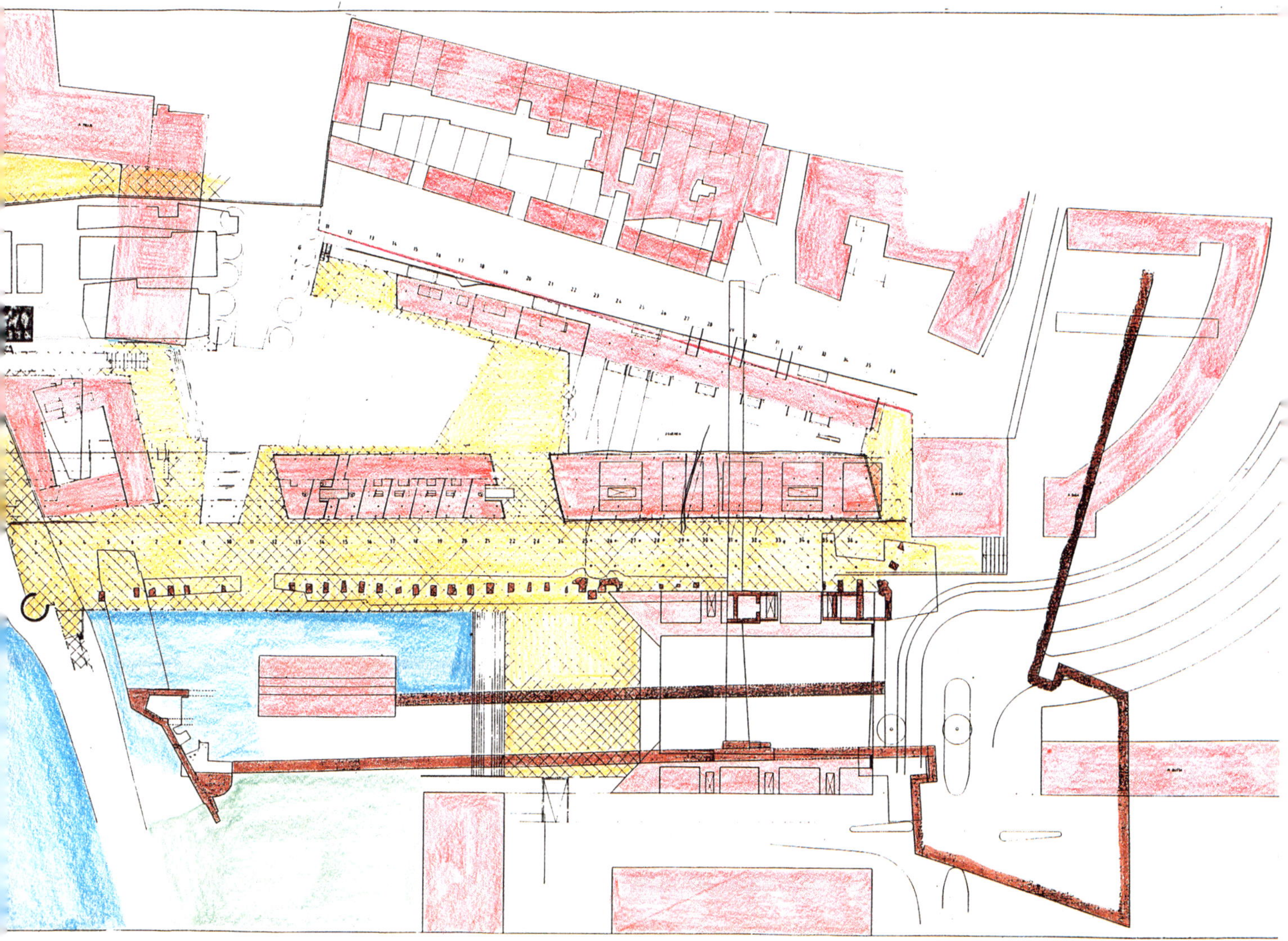

Schets | Sketch Álvaro Siza

Schip onder de brug.

BOAT BENEATH THE BRIDGE.

Wandelaars met open mond

STROLLING PEOPLE, MOUTH OPEN,

ten hemel rijzend.

RISE TO THE SKY.

Casino of Bibliotheek? Casino or Library?

Casino?

Na de blootlegging van de stadsmuur zijn er inmiddels ook Merovingische ovens gevonden, direct ten noorden van de Bordenhal. We nemen ze op in onze tekeningen. Verder blijkt Holland Casino naar het plangebied te willen. Ik ben daar zeer sceptisch over en maak een tekening, louter om de consequenties te laten zien. In mijn tekening leg ik het casino aan de 'kop' van de 'balk', bij de landing van de brug, en wel onderaards. Daarbij haakte ik in op de ontdekking van een zogenoemde poterne, een gat met een gangetje naar de rivier, onder het 'balkon'. Ook vroeg ik Galfetti een variant te tekenen op de plek van het kantorengebouw, vanuit de gedachte dat een casino ook een stadshal zou kunnen bevatten in de vorm van een grote open ruimte op de benedenverdieping.

Casino?

After the uncovering of the city wall, Merovingian ovens have been found immediately to the north of the Bordenhal. We incorporate them in our sketches. Holland Casino apparently wants a part of the planning area. I am very sceptical about that and make a sketch just to show the consequences. In my sketch I place the casino at the top of th strip, near where the bridge joins the land, below ground lev This was a reaction to the discovery of a postern, a hole with an alley leading to the river, beneath the balcony. I also aske Galfetti to draw a variant on the site of the office block, with idea that a casino could also enclose a City Hall in the form a large open space on the ground floor.

Ter oriëntatie volgen hier de belangrijkste plekken en objecten waarvan in de toelichtingen sprake is.

The main sites and objects mentioned in the explanatory text are indicated here for the purpose of orientation.

Maas	1
Hotel	2
Ruiterij	4
Hoogbrugstraat	5
Wilhelminasingel	6
Avenue Céramique	7
Stadshal | City Hall	8
Plein (het 'balkon') | Square ('balcony')	9
Toren van | Tower block by Siza	11
Haak | Hook	12
Stoa-gebouw | Stoa building	13

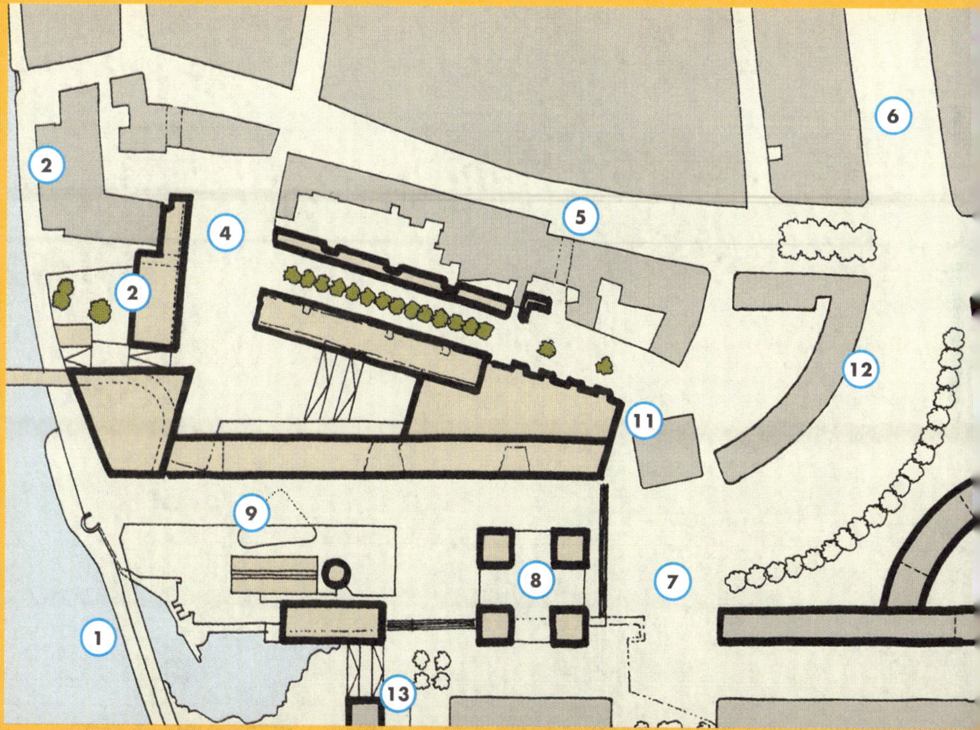

rary

other development was taking place at this time too. university had commissioned me to design a library in the city centre. My design was rejected by the councillor ponsible because of the size. The idea emerged of placing library at the head of the Maas and I made a sketch of that. nat way a building with a special public function would be to occupy a part of the North Node site. Because of its ge scale, however – I had drawn it in a Kahn-like heavy ume – it was also rejected by the councillor.

houses to the rear of the Hoogbrugstraat are elaborated nore detail by architect Hans Zuketto. A certain rhythm erges. The hotel extension is also elaborated, this time with bway for the public coming from the bank of the Maas.

Bibliotheek

Overigens was er in deze periode ook een andere ontwikkeling. In opdracht van de universiteit had ik een ontwerp gemaakt voor een bibliotheek, en wel in de oude binnenstad. Vanwege de omvang was het door de verantwoordelijke wethouder afgekeurd. De gedachte kwam op die bibliotheek op de 'kop' aan de Maas te zetten en ik maakte daar een tekening van. Op die manier zou er toch een gebouw met een bijzondere openbare functie op het terrein van de Noordknoop kunnen komen. Vanwege zijn grootschaligheid – ik had het in een Kahn-achtig zwaar volume getekend – werd het echter ook daar door de wethouder afgekeurd.

Verder krijgen de woningen aan de achterzijde van de Hoogbrugstraat nadere uitwerking door architect Hans Zuketto. Er ontstaat een zekere ritmiek. Ook wordt de hoteluitbreiding uitgewerkt, nu met een onderdoorgang voor het publiek komend van de Maasoever.

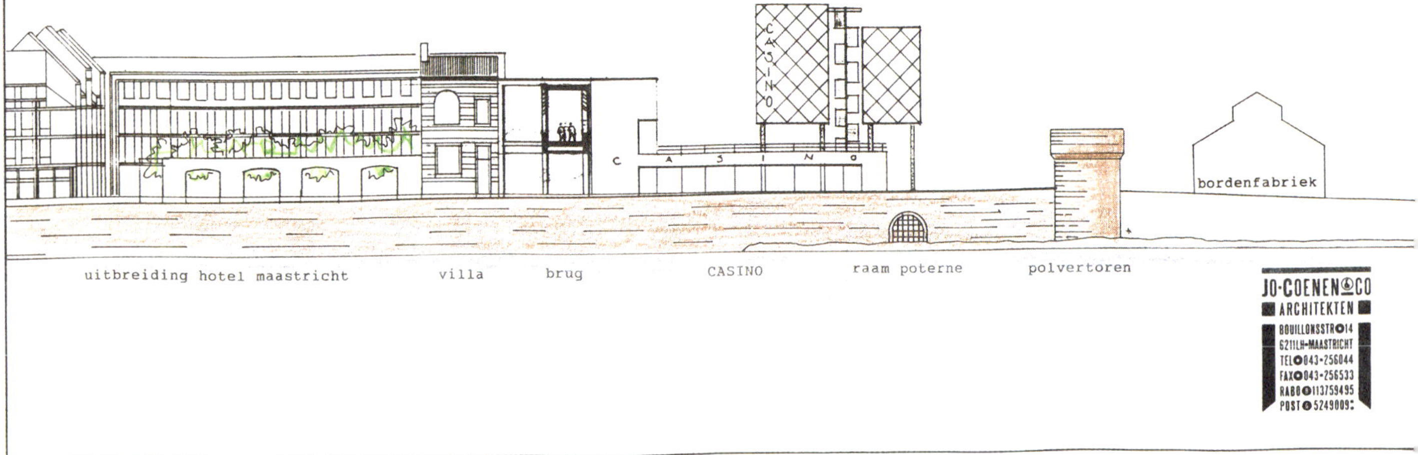

noordknoop aanzicht maas

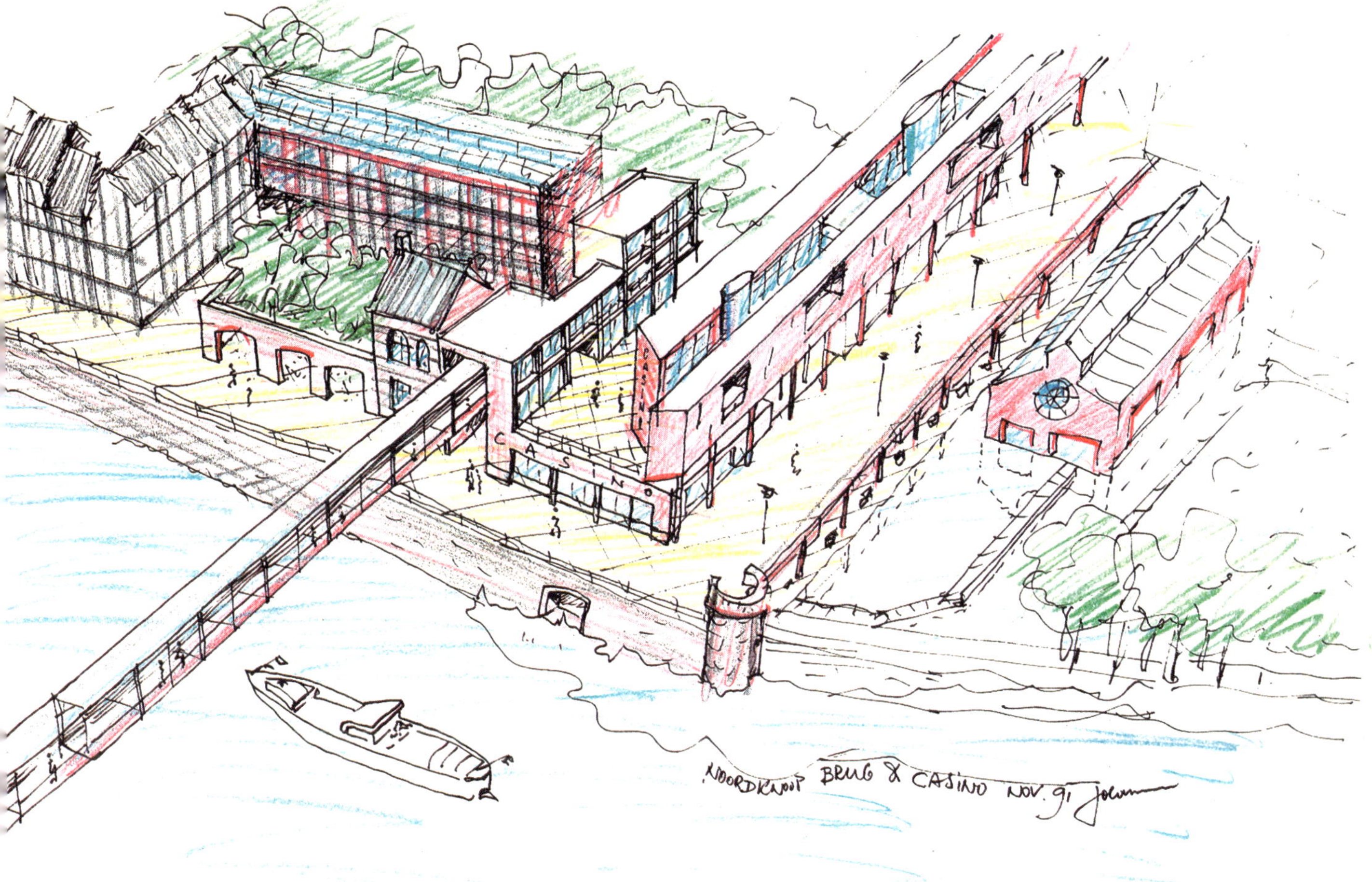
CASINO
NOORDKNOOP BRUG & CASINO NOV. 91

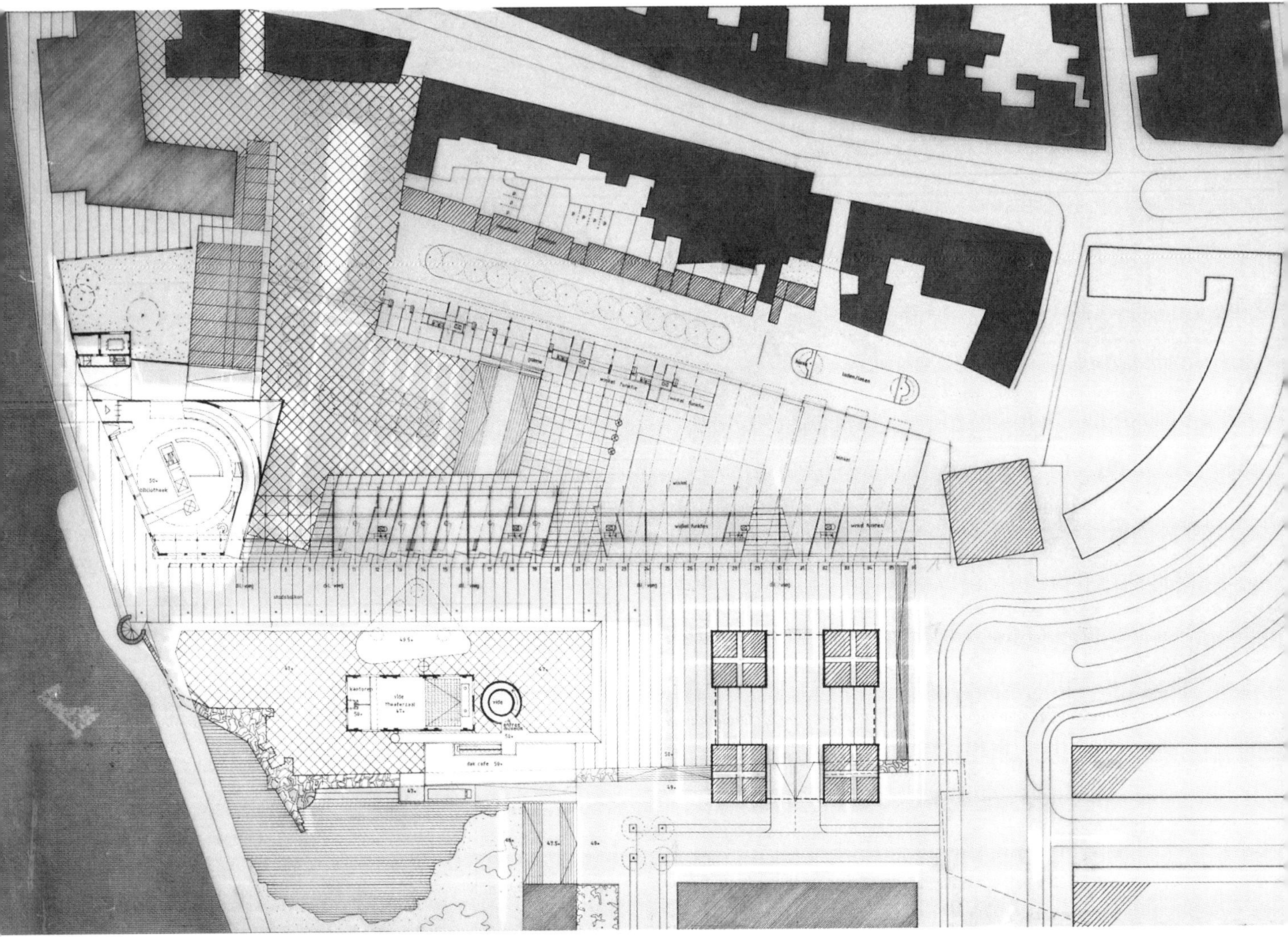

bibliotheek
kantoren
vide
theaterzaal
47+
vide
entree
museum
dak cafe 50+
winkel

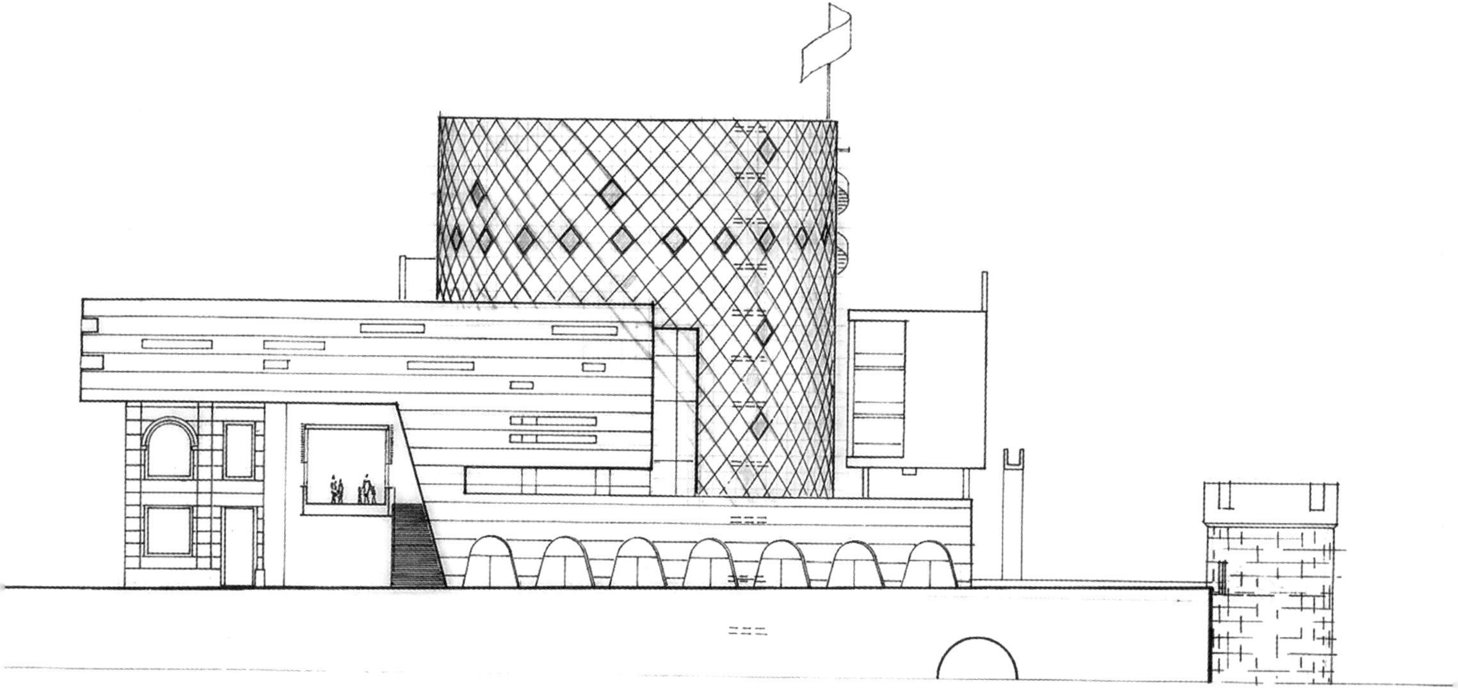

89.01.02

Cuábito

dec. 1993

NOORDKNOOP : MAASBIBLIOTHEEK + STADSARCHIEF

KERST
1993

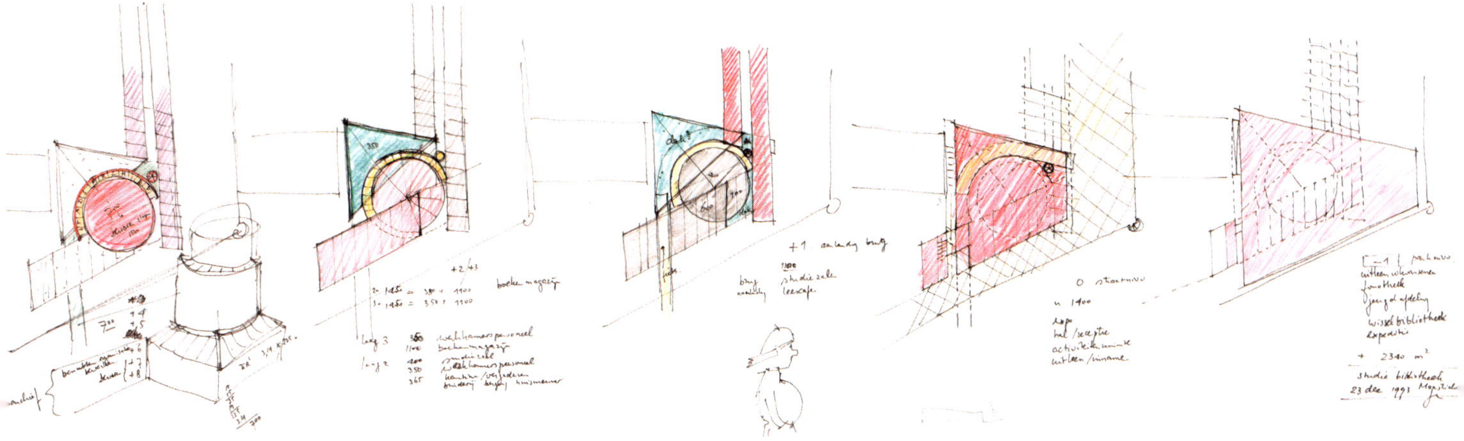
+2/+3
boeken magazijn
1100
studiezale
leescafe
+1
0 straatniveu
1400
expo
hal /receptie
uitleen /inname
-1
uitleen volwassenen
fonotheek
jeugdafdeling
wisselbibliotheek
expeditie
+ 2340 m²
studie bibliotheek
23 dec 1993

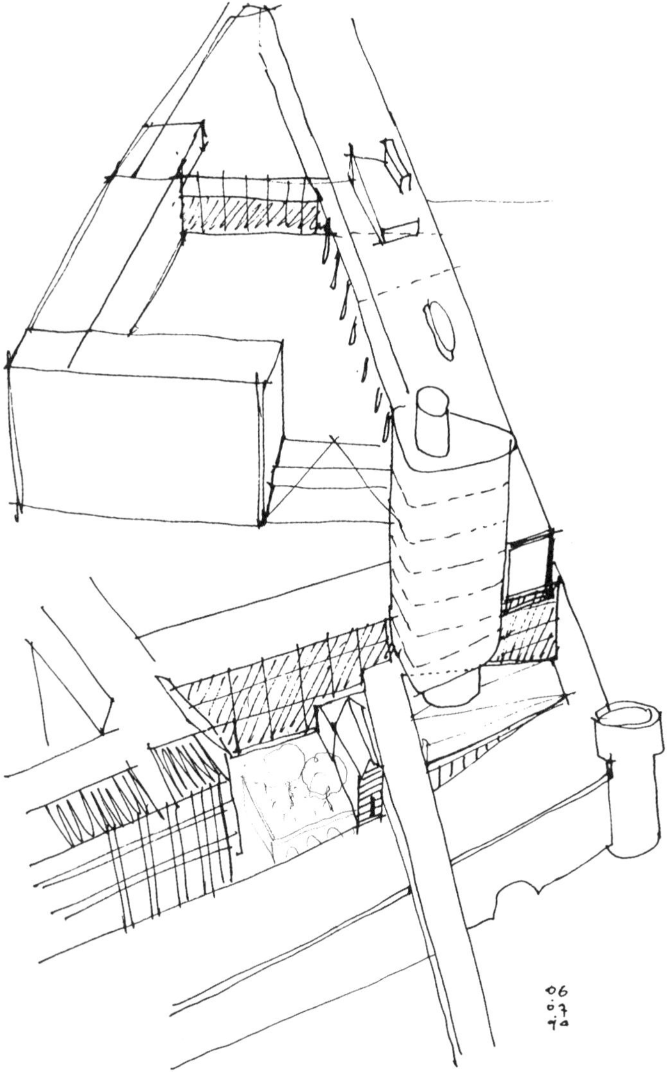
06
07
90

ck on my feet

ot back on my feet and made another sketch at the beginning June 1994. It is rather clumsy, but what it is important is that w everything is concentrated in independent components. e centre of the ground plan is now an 'unfolded stapler': a nplex of shops with – as a lead for Galfetti – apartments on . To the left, behind the bank of the Maas, attached to the el, is a long strip for the hotel extension, with showrooms and ces for Sphinx below and beside it. There is also a museum h a roof over the Merovingian finds, and to the right of it a lding for the City Archive, both sunk into the square, that nains low, as low as the Ruiterij. And in the southeastern ner of the square, the City Hall. Between the Bordenhal and City Hall are a patio and a café, and to the South of them a o with theatre facilities.

what we have now are a cultural zone (with the clearly ble city wall on the south side, bordered by gardens at the thwest corner), a pragmatic zone, a clear area where the dge meets the land, and a zone for housing and shopping, clearly distinguished from one another.

Hernemen

Ik krabbelde weer enigszins overeind en maakte begin juni 1994 weer een schets. Hij is wat onbeholpen, maar van belang is dat alles nu is geconcentreerd in zelfstandige delen. Zo zie je in het midden van de plattegrond de 'opengeklapte nietmachine': een geheel met winkels, met, als voorzet voor Galfetti, woningen erboven. Links, achter de Maasoever, vastgebakken aan het hotel, een lange strook voor de hoteluitbreiding met daaronder en daarnaast showrooms en kantoren voor Sphinx. Verder, met een dak over de Merovingische vondsten, een museum en rechts daarvan een gebouw voor het Stadsarchief, beide ingegraven in het plein, dat overigens laag blijft, even laag als de Ruiterij. En in de zuidoosthoek van het plein, de Stadshal. Tussen de Bordenhal en de Stadshal een patio en een café, en ten zuiden daarvan een strook met theatervoorzieningen.

Zo ontstaan er nu duidelijk afzonderlijk van elkaar een culturele zone (met aan de zuidzijde de duidelijk zichtbare stadsmuur, in de zuidwestpunt omzoomd door tuinen), een pragmatische zone, een duidelijke bruglanding en een zone voor wonen en winkelen.

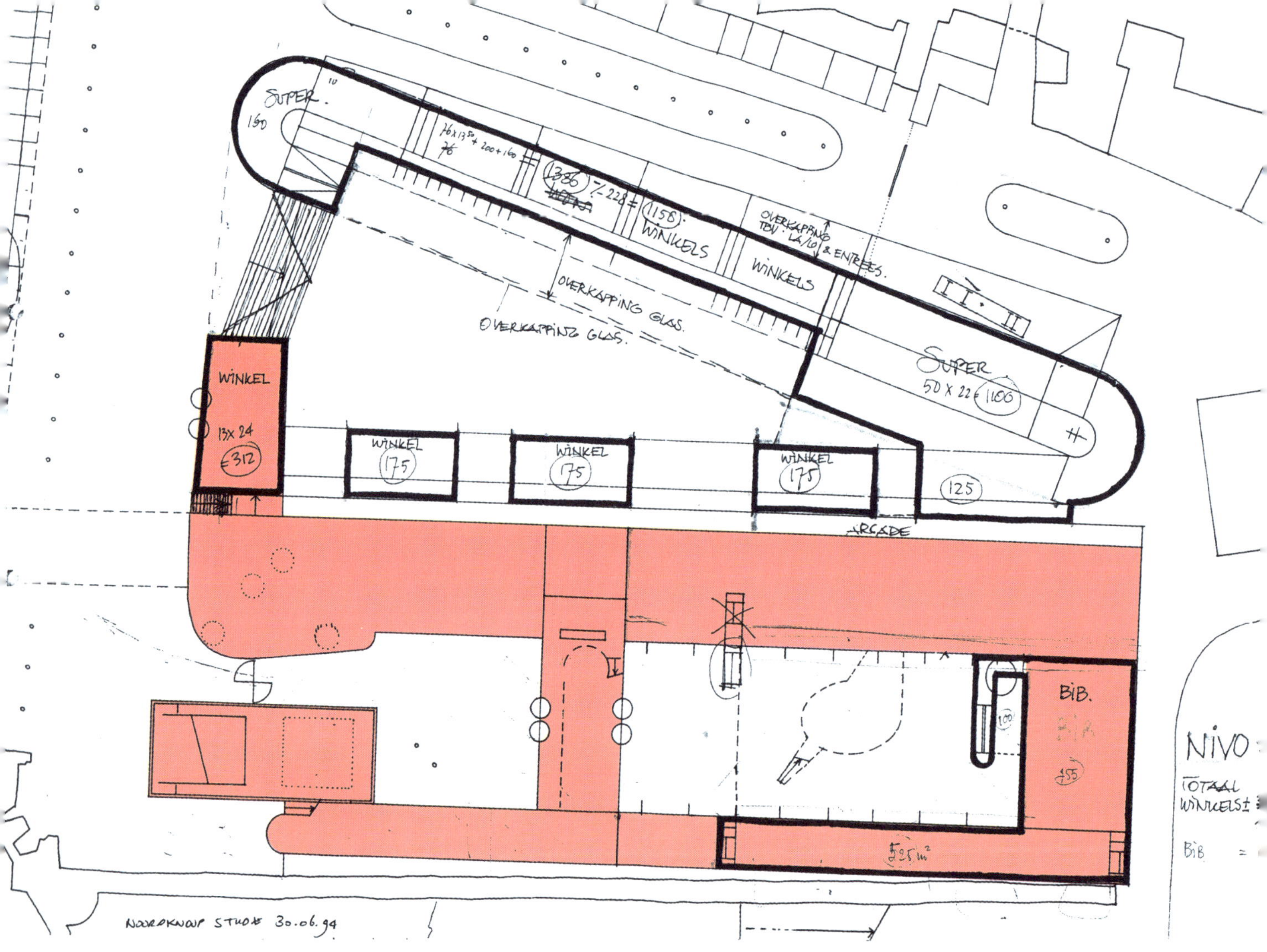

SUPER
160
76x13.50 + 200 + 160
1386 - 228 = 1158
WINKELS
WINKELS
OVERKAPPING TBV. LA/LO
& ENTREES.
OVERKAPPING GLAS.
OVERKAPPINZ GLAS.
SUPER
50 X 22 = 1100
WINKEL
13X24
=312
WINKEL
175
WINKEL
175
WINKEL
175
125
ARCADE
BIB.
100
155
±25 m²
NIVO
TOTAAL
WINKELS ±
BIB =
NOORDKNOOP STUDIE 30.06.94

bibl m'tricht
21.3.94 jc

Het gat in de muur,

THE HOLE IN THE WALL,

smeedijzeren traliewerk:

BEHIND THE CAST-IRON BARS:

bladgroene stilte.

LEAF-GREEN QUIET.

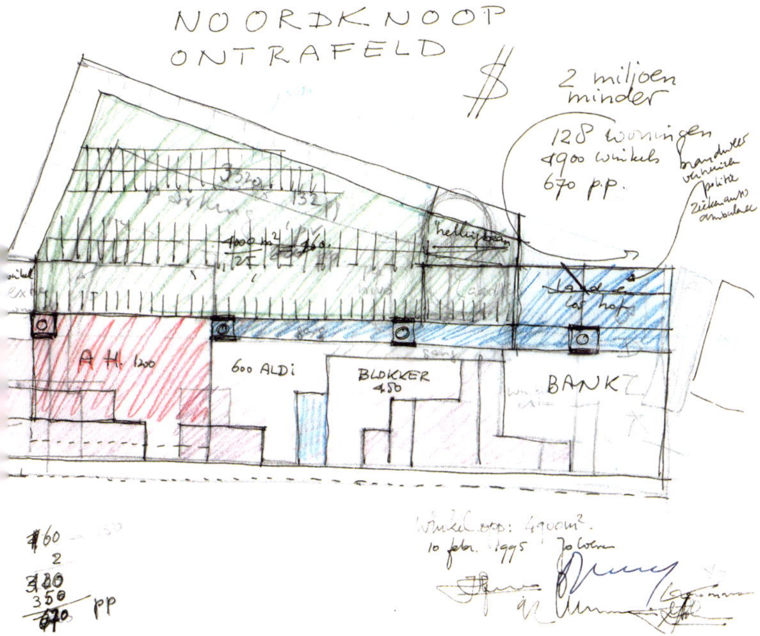
NOORDKNOOP
ONTRAFELD
2 miljoen
minder
128 woningen
4900 winkels
670 p.p.
hellingbaan
laad en los hof
A.H. 1200
600 ALDI
BLOKKER
450
BANK
10 febr. 1995
pp

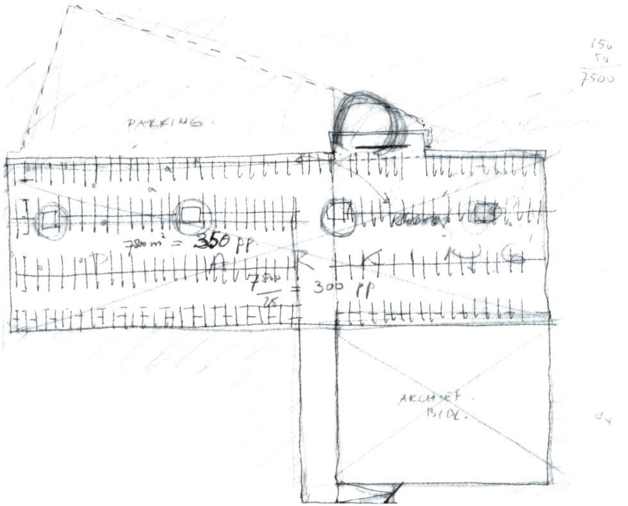
150
50
7500
PARKING
7800 m² = 350 pp.
7500
25
= 300 pp
ARCHIEF
BIBL.

noordknoop
jc

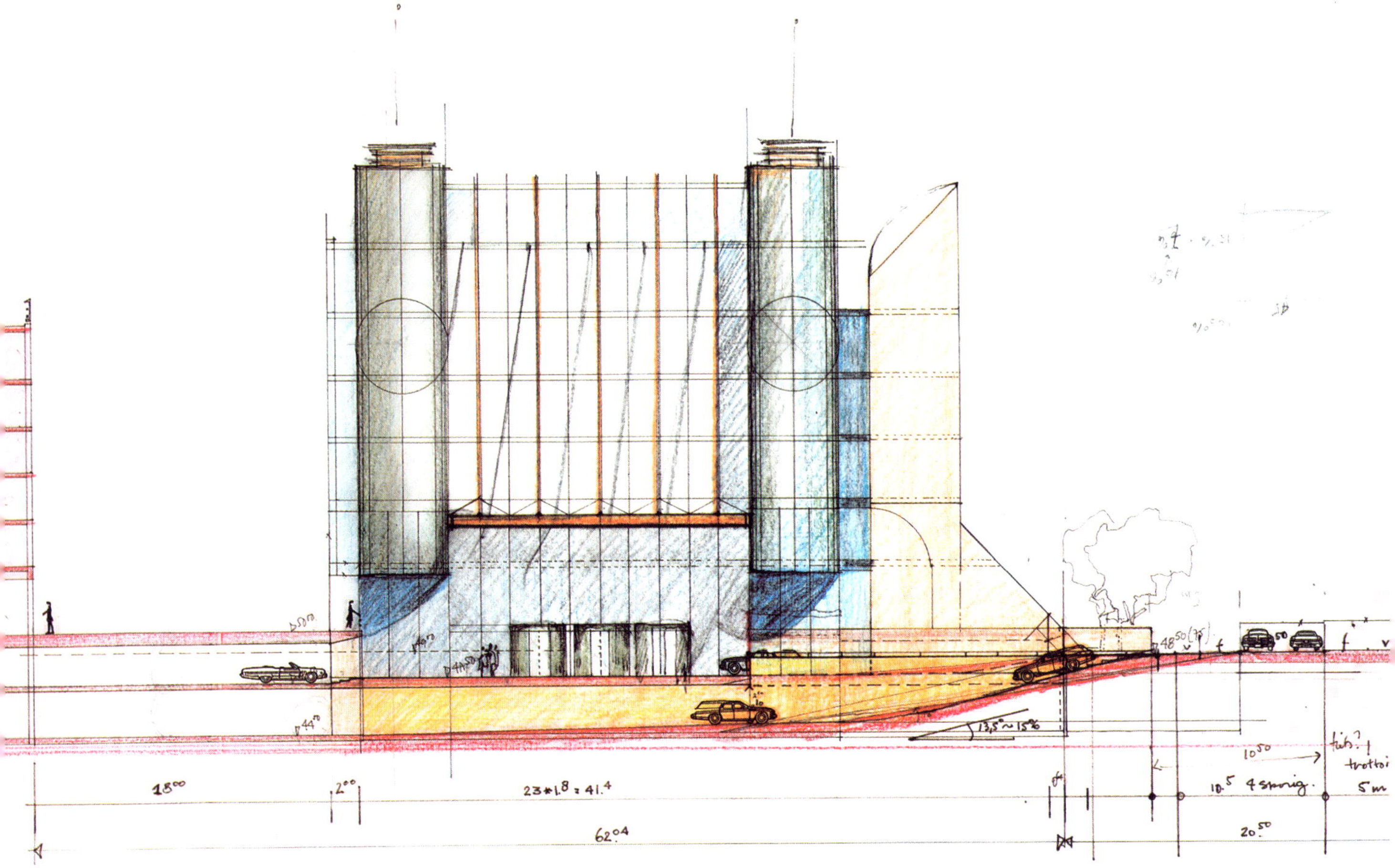

* 27/1/A45/86

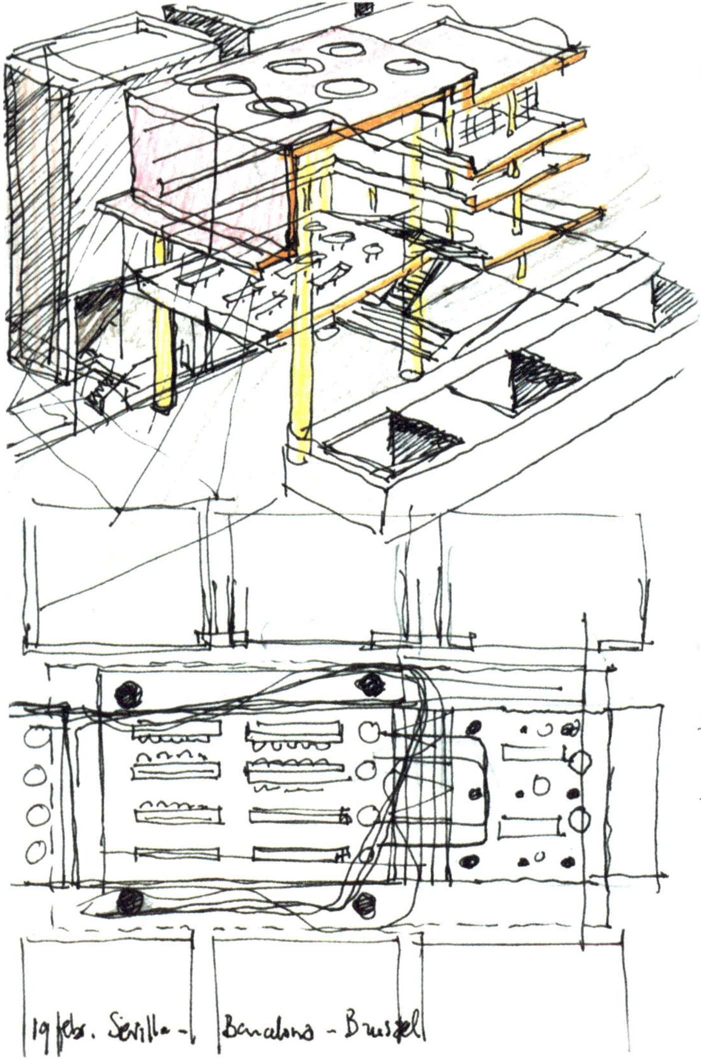
19 febr. Sevilla - Barcelona - Brussel

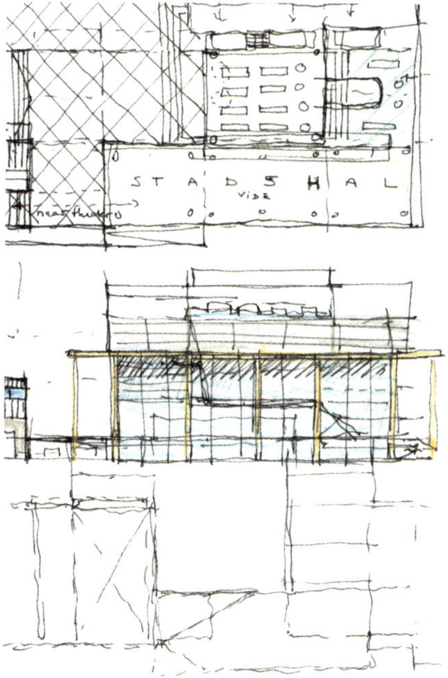
STADSHAL
VIDE

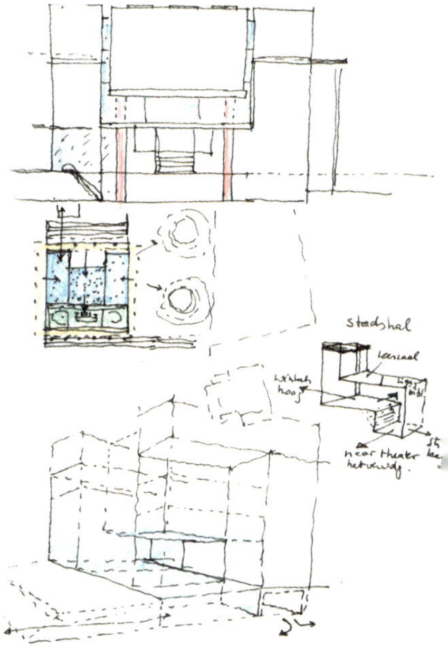
Stadshal
Leeszaal
naar theater
een Compacter gebouw.

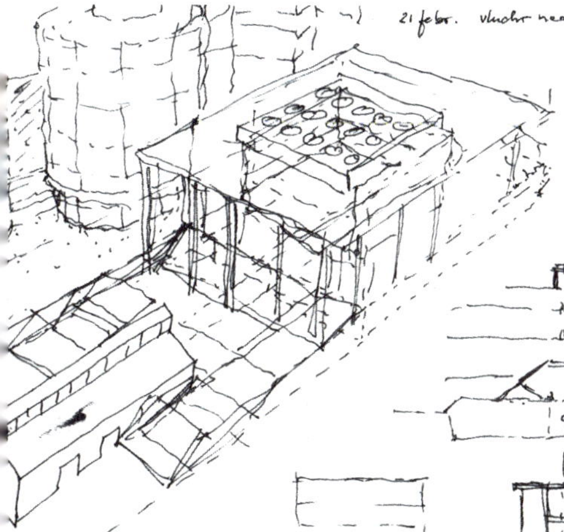
21 febr. vloer naar Berlage

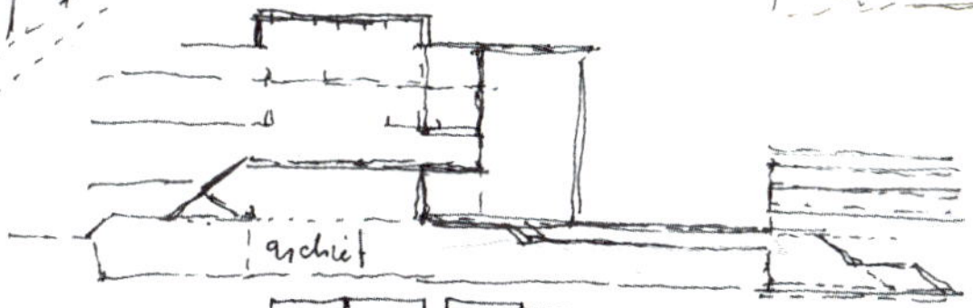
archief

STADSHAL

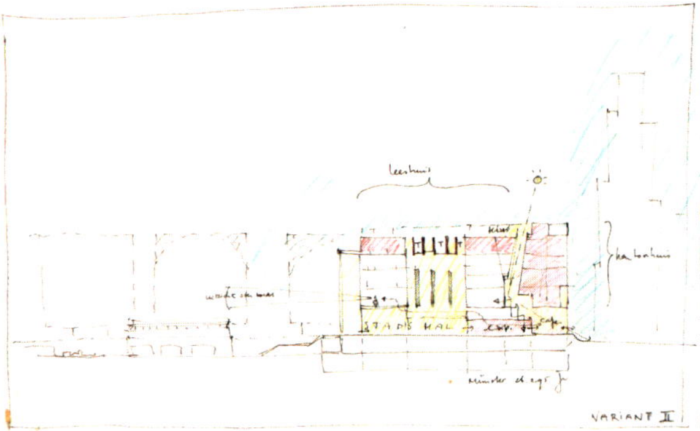
STADS HAL
VARIANT II

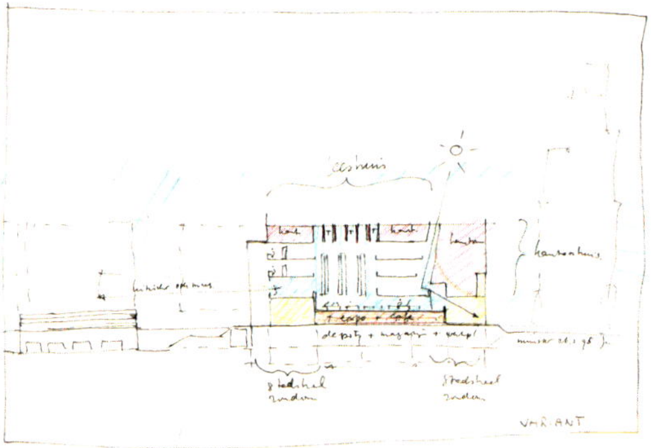
VARIANT

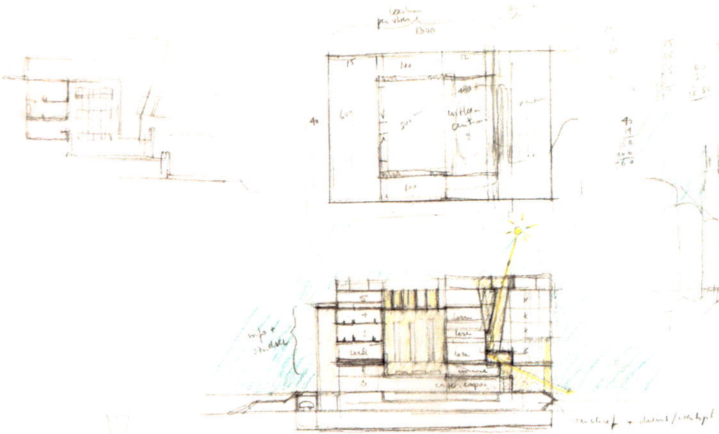

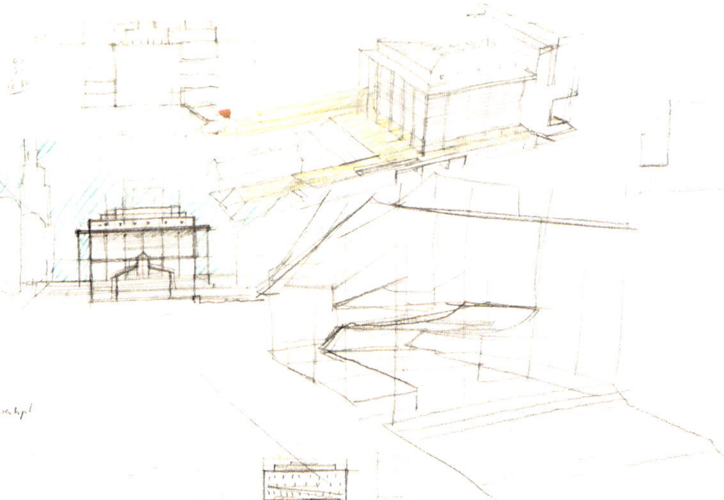

Eén pilaar staat schuin,

ONE COLUMN SLOPES,

de andere recht omhoog.

THE OTHER STANDS STRAIGHT UP.

Welke heeft gelijk?

WHICH ONE IS RIGHT?

Variant II

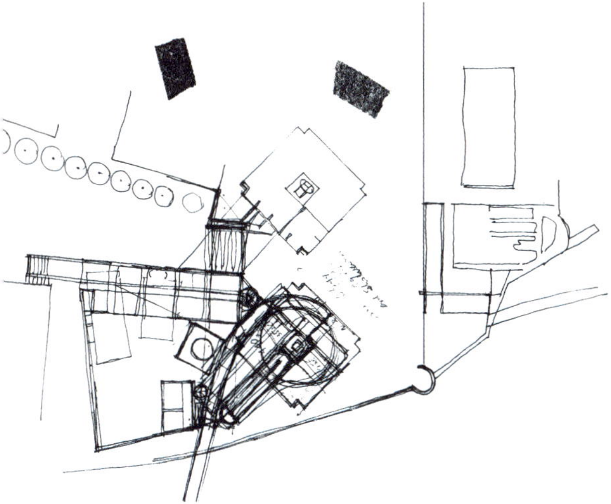

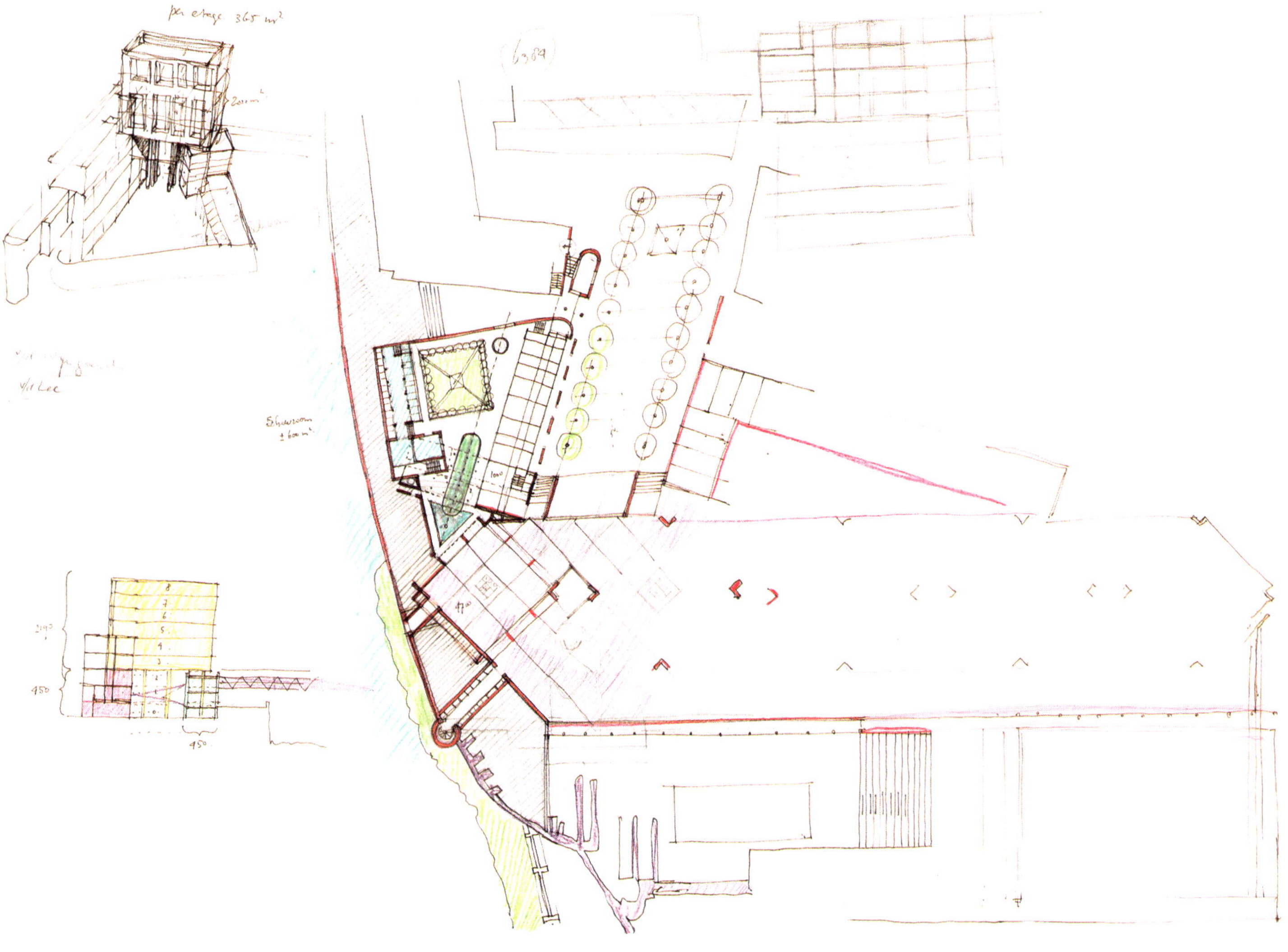
per etage 365 m²
6384
Showroom
± 600 m²
290
450
450

De oude toren.

THE OLD TOWER.

Geen hond die de rivier ziet.

NOT A DOG SEES THE RIVER.

Vrieskou door kijkgat.

ICE-COLD THROUGH PEEP-HOLE.

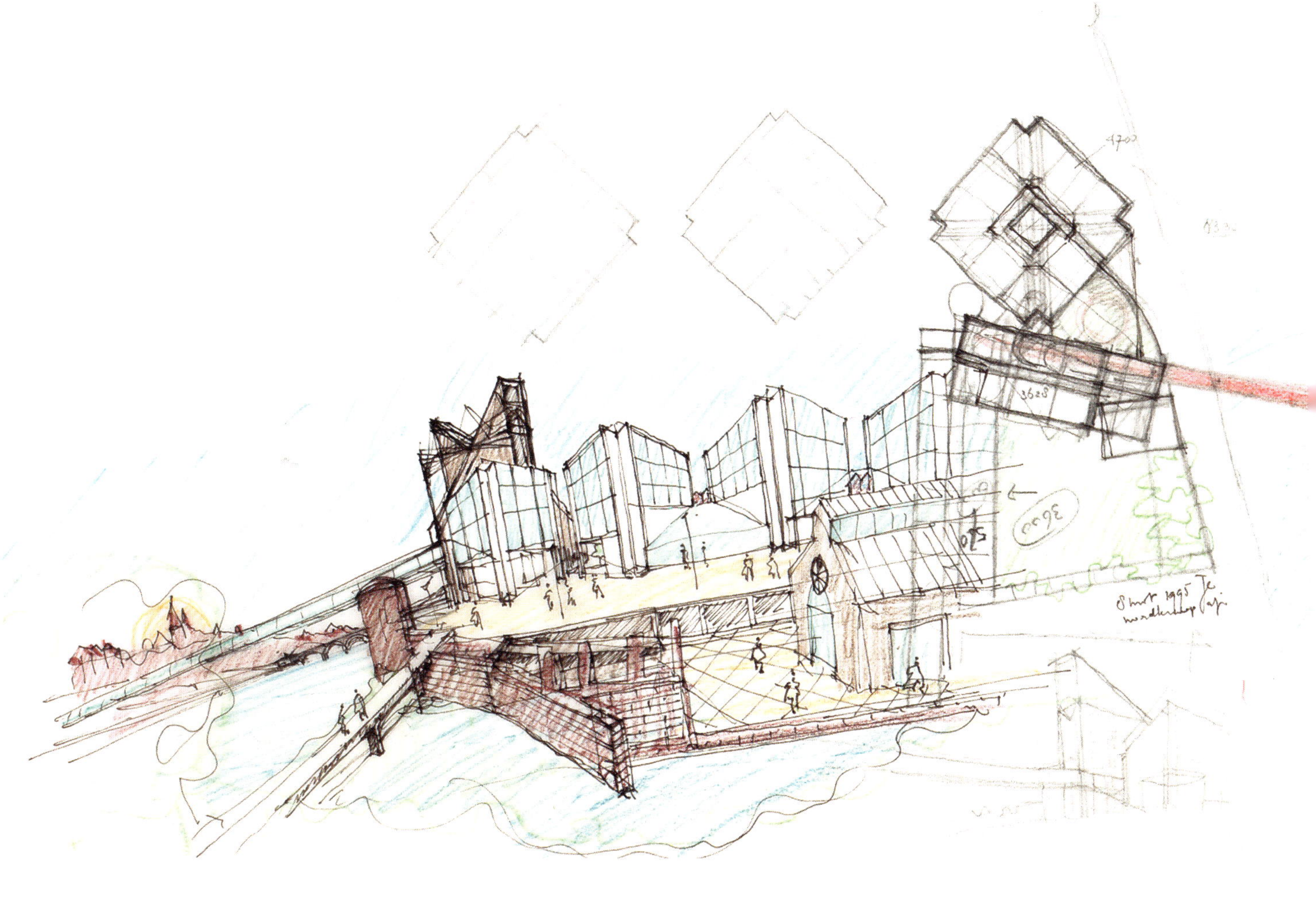

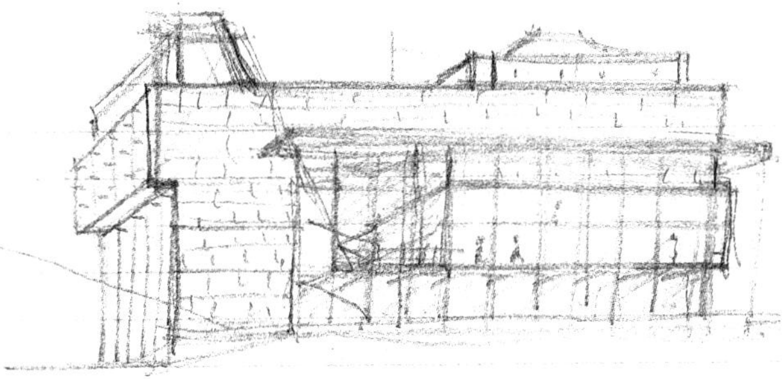

5 cittadella 19.4.95

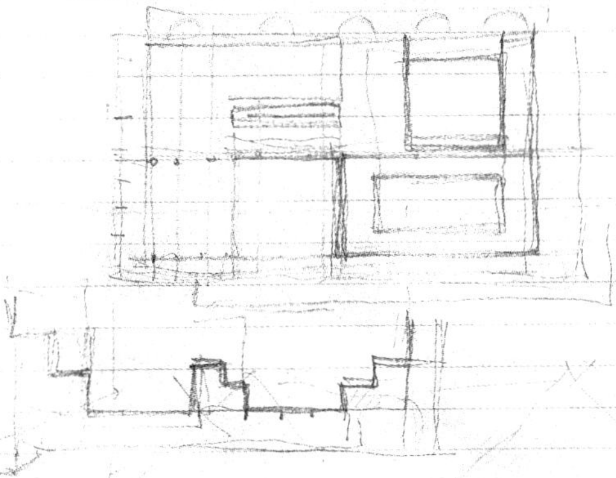

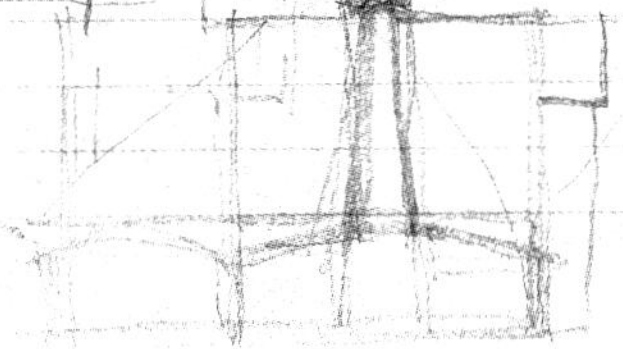

cittadella 19.4.95

cintadella
19.4.95

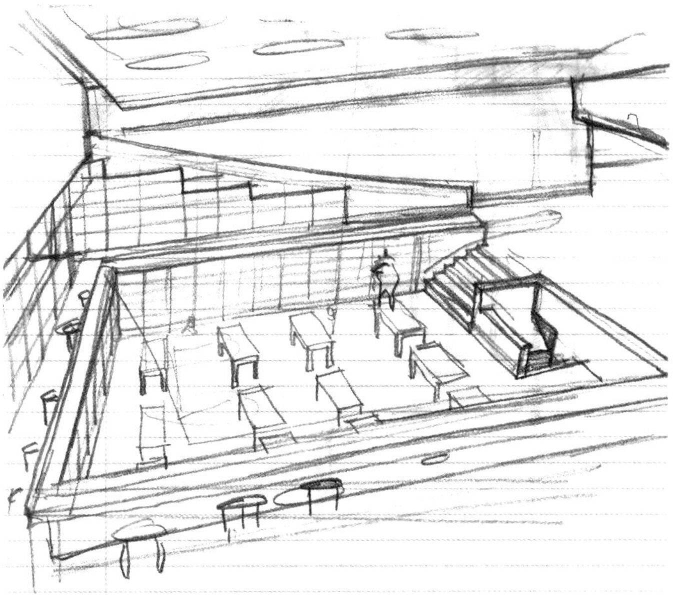

cittadella 21.4.95

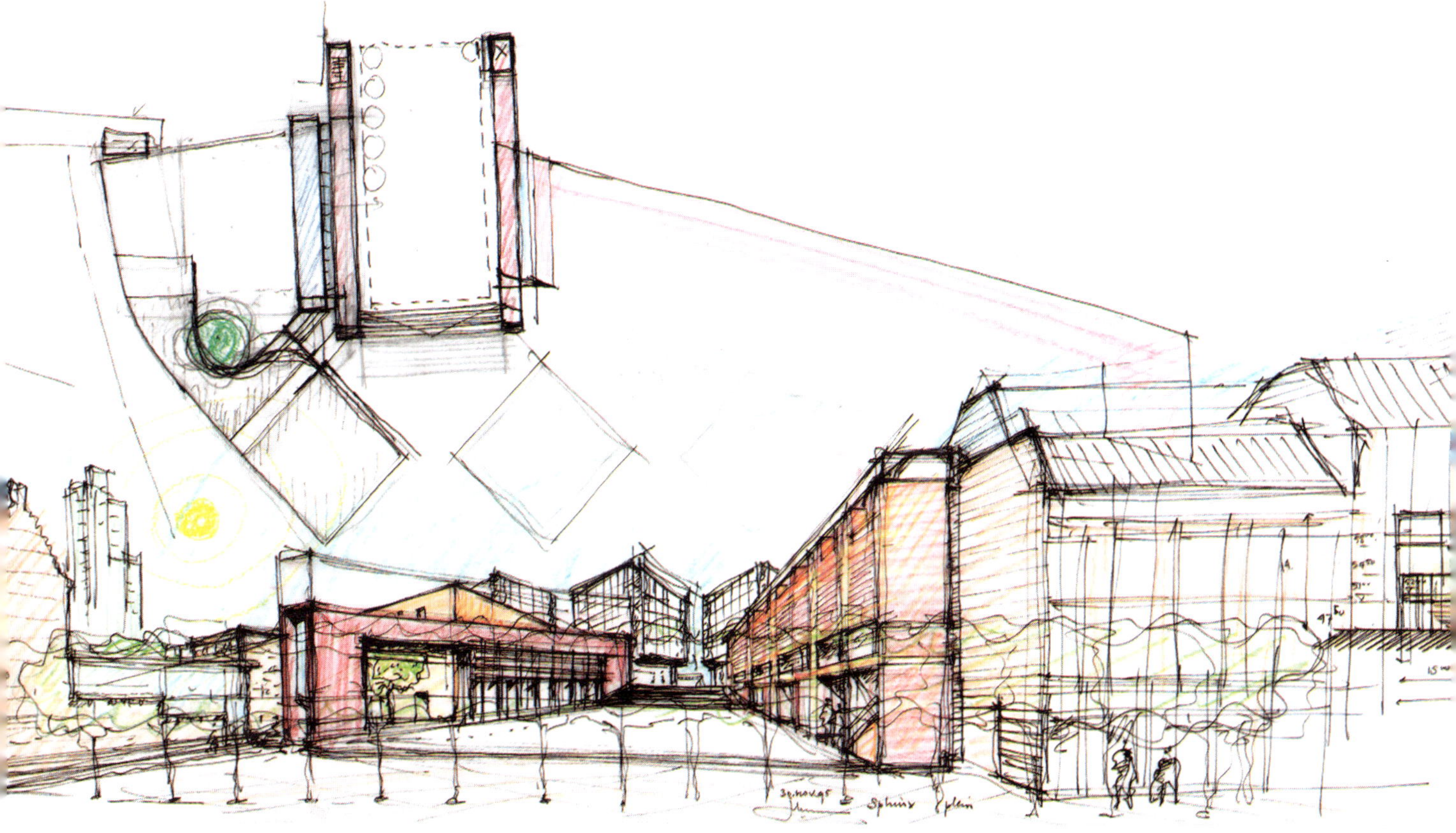
Sphinx
plein

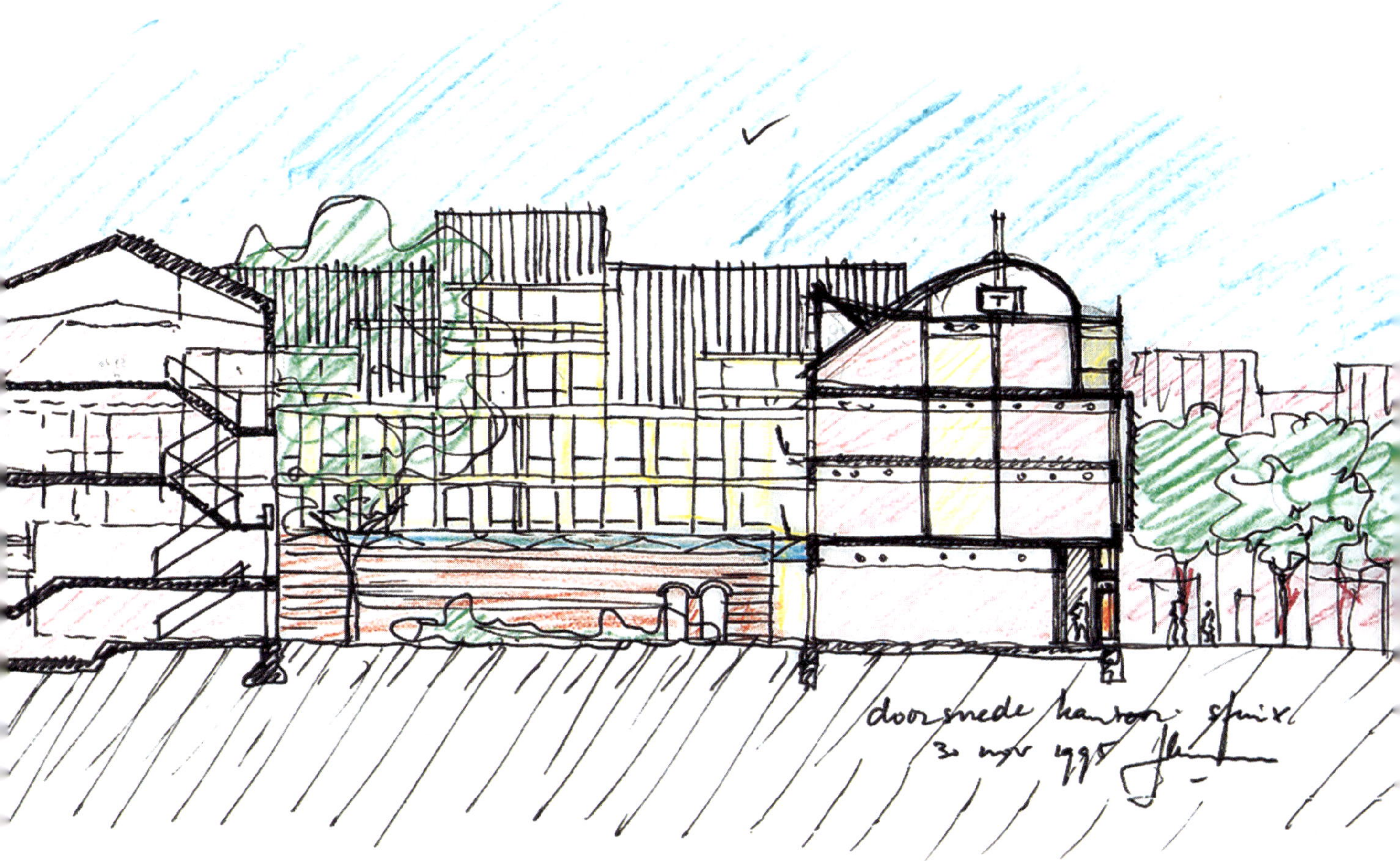
doorsnede kantoor sfinx.
30 nov 1995

SFINX
kantoor Sphinx 30 nov.

Hoe groots het verhaal.

MAJESTIC STORY.

Hoe intiem bijeen gehurkt,

INTIMATELY HUDDLED

clubje gebouwen.

KNOT OF BUILDINGS.

el, offices, apartments

s ground plan also contains one of my designs, for the hotel ension and offices attached to the Villa Jaunez on the bank of Maas. I also place some of the required apartments there.

Hotel, kantoren, woningen

Verder bevat deze plattegrond een ontwerp van mij, van de hoteluitbreiding en kantoren die worden vastgemaakt aan de Villa Jaunez, aan de Maaskade. Daarin leg ik ook een deel van de vereiste woningen.

NOORDKNOOP–CERAMIQUE MAASTRICH

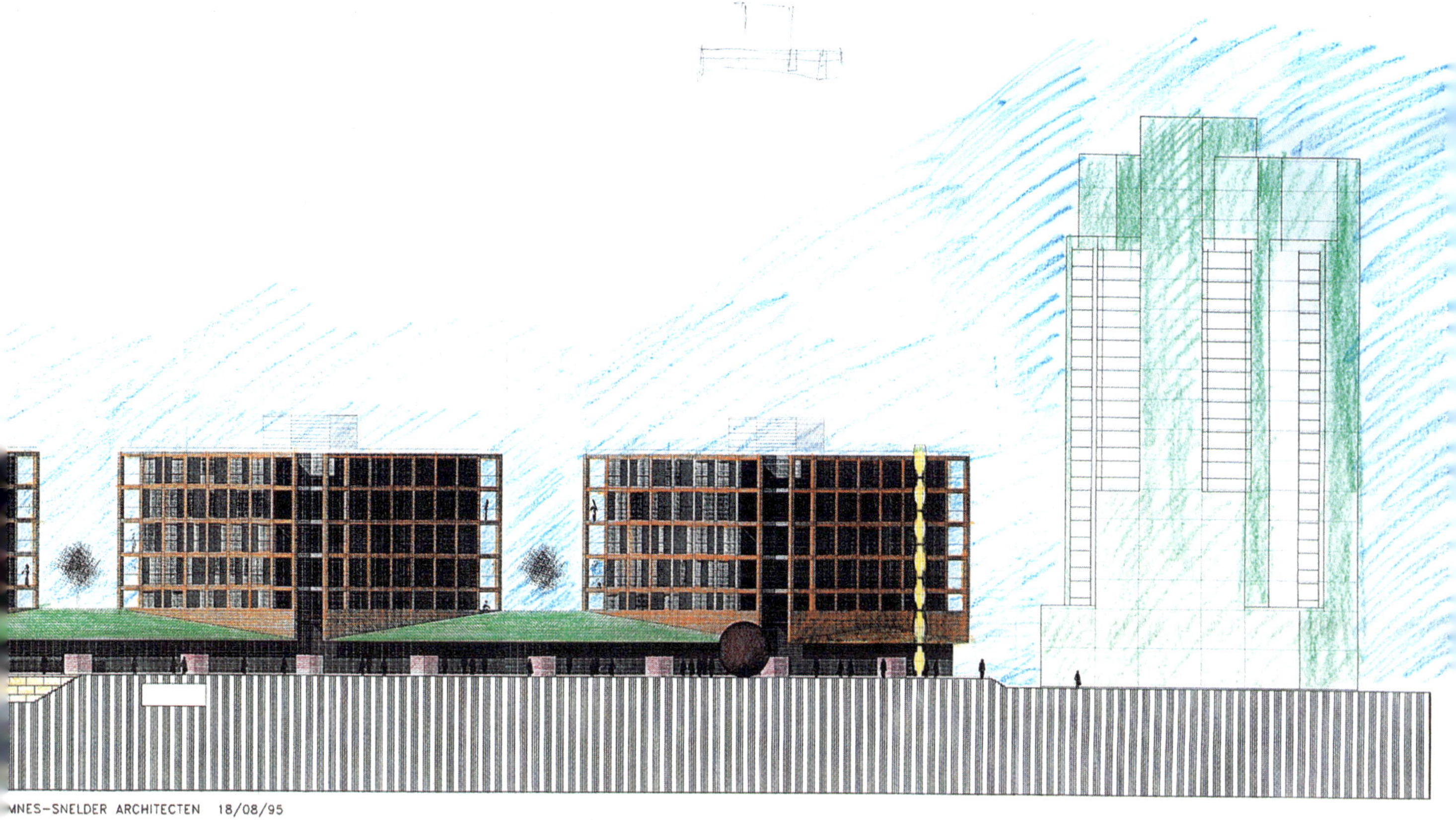
MNES-SNELDER ARCHITECTEN 18/08/95

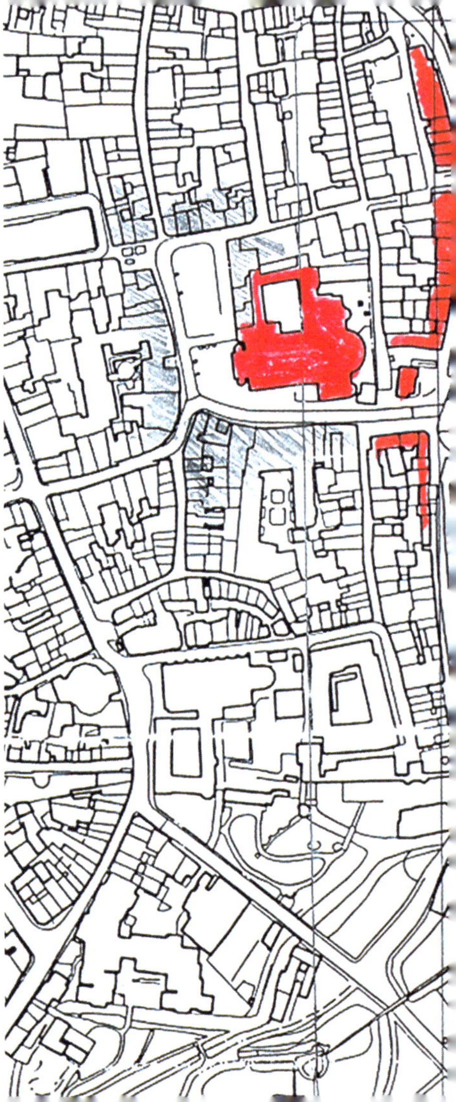

De plantenbak heeft

THE FLOWER BOX WAS

híj gewild. Winterkoning

HIS DECISION. LITTLE WREN

kwam uit zichzelf.

CAME ALL BY ITSELF.

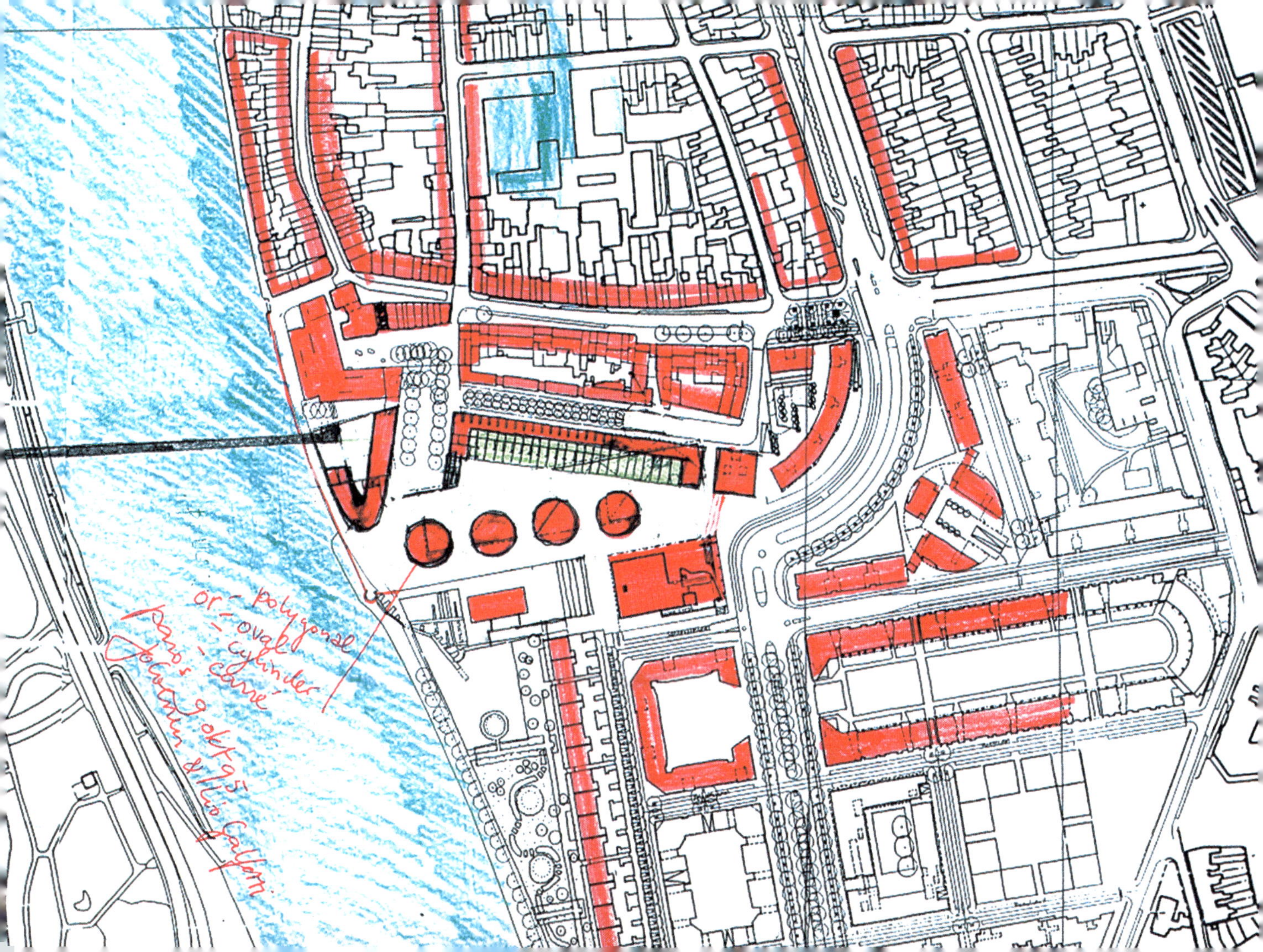
- polygonal
or - oval
- cylinder
- carré
Paris 9 okt 95
Johan & Rio Galfom

KANTOOR

= 720□

TOTAAL ~~SHOWROOM~~ 2285□ → %ENTREE/ SHOWROOM e.d. 2075□ m2

SHOWROOM 425□

Σ = 2500□

WONEN

3L6 NIVO 1,2,3 = 570m² b.v.o. = 6 APP. à 250□
1 APP à 300□
2 APP à 200□

- PENTHOUSE NIVO 4
- ~~L6~~ NIVO 3,4

NIVO +2

8 APP 2025□

TRAPPENHUIS + BERGINGEN : 75□/lg 4+ : 300
Σ 2325□

- L6 0 WINKELS/ BERGINGEN / ENTREE P. GAR.

Σ WINKEL = 530□

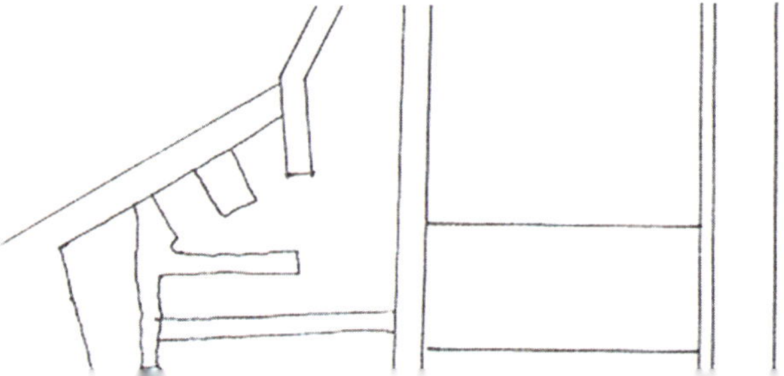

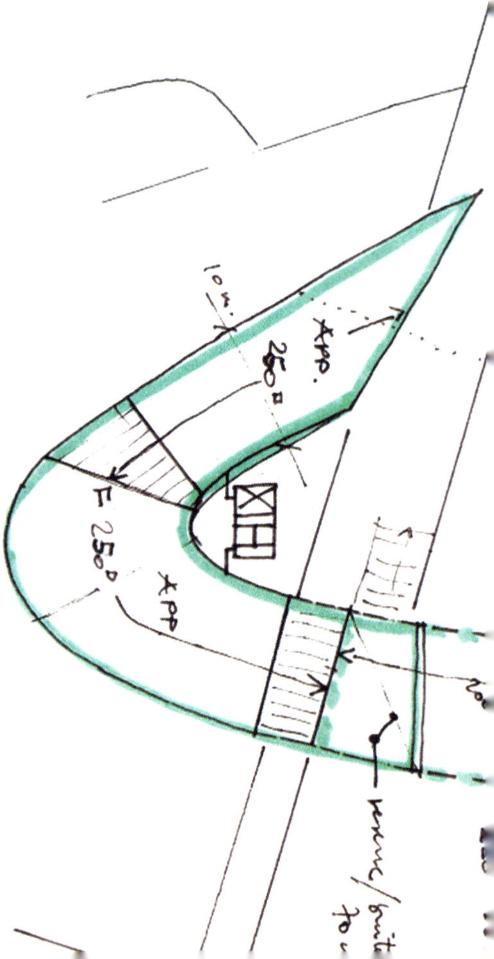

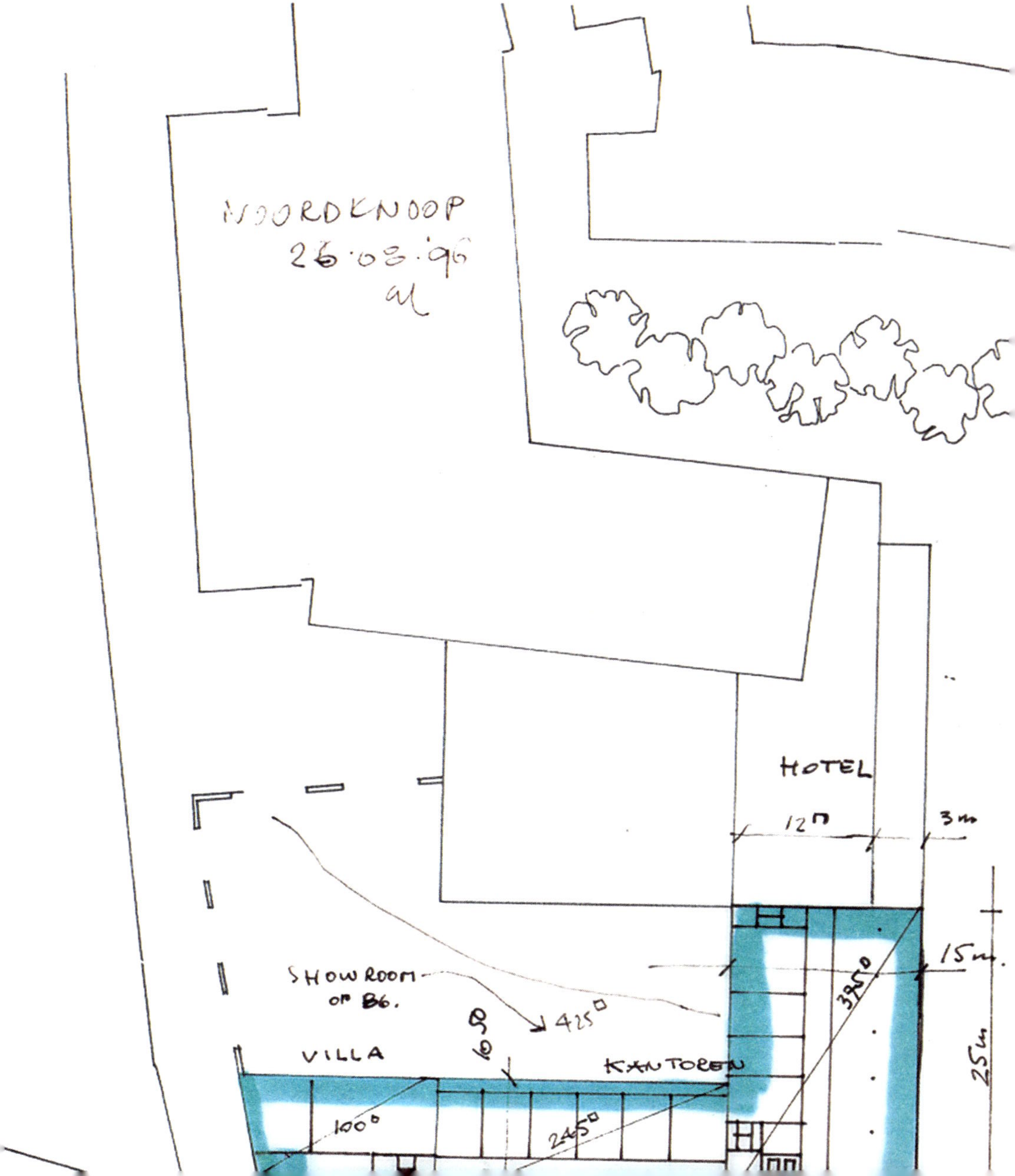
NOORDKNOOP
26.08.96
HOTEL
12m
3m
15m
25m
SHOWROOM
OF BG.
425□
3950
VILLA
KANTOREN
100□
245□

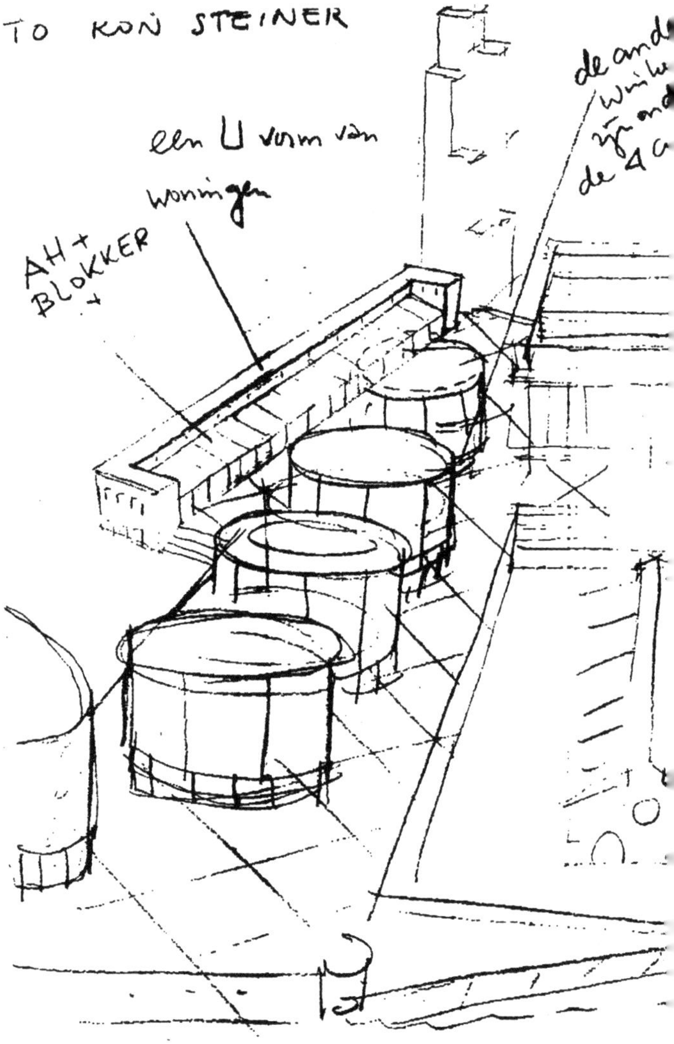
TO KON STEINER
een U vorm van
woningen
AH +
BLOKKER
+

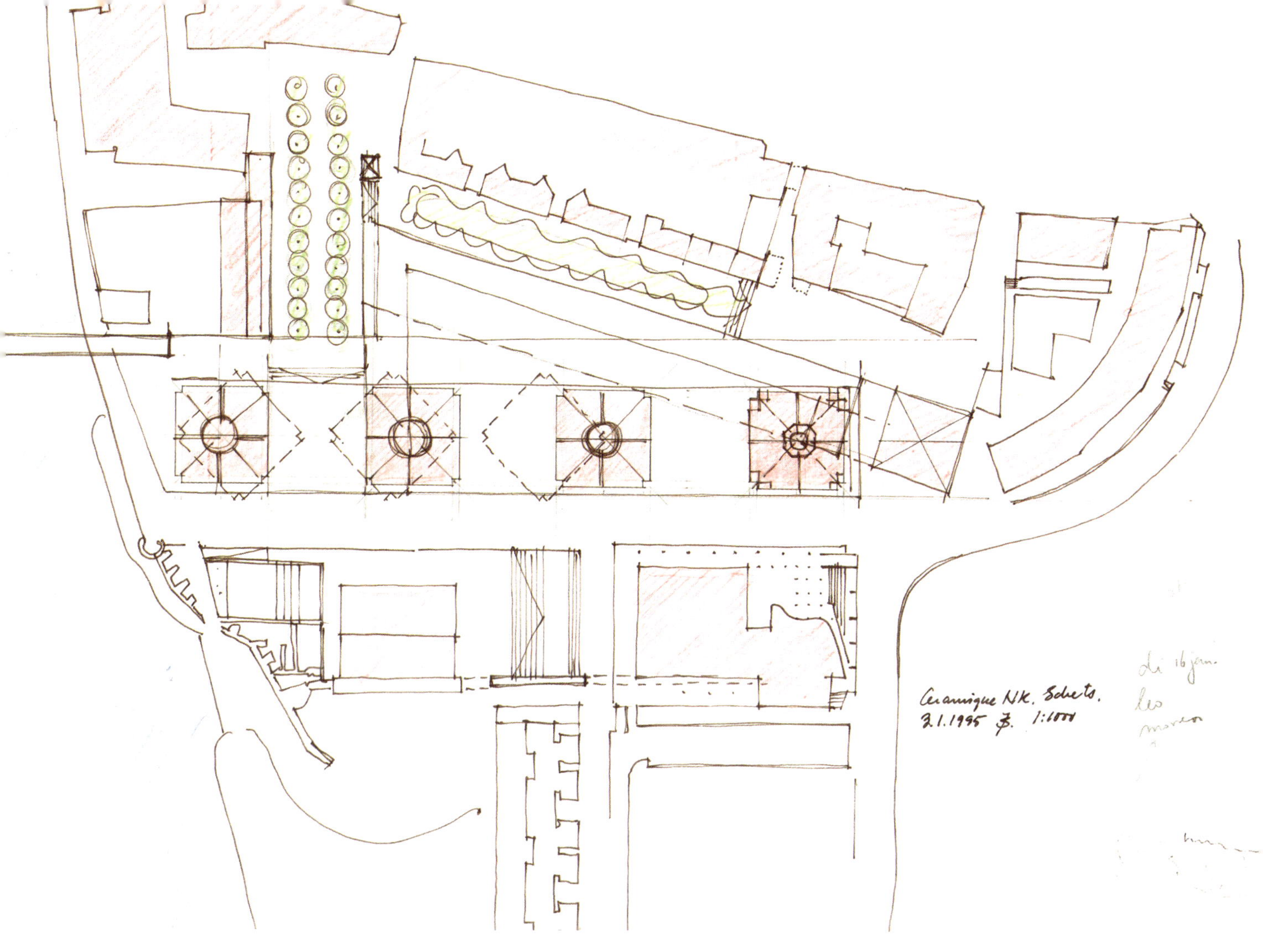
Ceramique NK. Schets.
3.1.1995 J. 1:1000

Schetsen | Sketches **Aurelio Galfetti**

overleg met
Lio Galfetti
4 of 5 ?

Het gebouw leeft al

THE BUILDING LIVES.

volop. In de gracht ernaast

ALONGSIDE, IN THE MOAT

een dun laagje ijs.

A THIN CRUST OF ICE.

course this all involved considerable extra expense because
ıll the work that had been done so far in vain. Eurlings was
pared to accept this.

utions

ɔn afterwards a project meeting was held at which Siza
ninated against everything and everybody in connection with
problems of his tower block; but he was in agreement with
solution of the tilted Stoa building. He could also agree with
olution for his own tower block that I suggested.
far as the Library is concerned, I had already taken a major
ɔ in February in consultation with Siza. I had moved the
lding back a bit, so that the southeast corner formed a
ngle with the extension of the side of Siza's tower. This also
e the building an empty space to emphasise its importance.

sanne

erwards I went to Lausanne with Boudewijn Snelder (Galfetti's
tner architect in Maastricht) to see Galfetti. My proposal was
e again to take the lead for him by making schemes for floor
ns, bringing them up for discussion in the teams of clients,
d so on, and then offering him these as limiting conditions on
further elaboration. In view of his difficult relation with the
nt, he agreed immediately. As a result I was made
rdinating architect for this whole area, a role that I kept for a
g time until he could appear on the scene again.

gebouw altijd al als een gespleten geheel getekend; dit idee haalde ik weer naar voren, waarbij ik de twee delen in verschillende richtingen plaatste, het ene parallel aan het Stoa-plus-gebouw, het andere rechtuitkijkend op de Avenue Céramique. Natuurlijk bracht dit alles grote extra kosten met zich mee, vanwege al het vergeefse werk dat tot dan toe was verricht. Eurlings werd bereid gevonden dit te dragen.

Oplossingen

Kort daarna was er een projectbijeenkomst waarop Siza in verband met de problemen rond zijn toren fulmineerde tegen alles en iedereen; hij was het echter eens met de oplossing van het gekantelde Stoa-gebouw. Ook kon hij zich verenigen met een oplossing die ik aandroeg voor zijn eigen toren.
Voor wat betreft de bibliotheek had ik intussen in februari al in overleg met Siza een belangrijke stap gezet. Ik had het gebouw een eindje naar achteren gelegd, waardoor de zuid-oostpunt een driehoek vormde met het verlengde van de zijkant van Siza's toren. Ook kreeg het gebouw hierdoor een bordes, dat de betekenis ervan onderstreepte.

Lausanne

Na die dag reisde ik, met Boudewijn Snelder (Galfetti's partner-architect te Maastricht) naar Lausanne om Galfetti te ontmoeten. Mijn voorstel aan hem was nogmaals voor hem het voortouw te nemen door schema's voor woningplattegronden te maken, deze bespreekbaar te maken in de teams van opdrachtgevers enzovoort, en hem deze vervolgens als randvoorwaarden ter verdere uitwerking aan te bieden. Gezien zijn moeizame relatie met de opdrachtgever stemde hij onmiddellijk in. Daardoor werd ik tot coördinerend architect voor dit hele gebied gebombardeerd, een rol die ik lange tijd heb gehouden, totdat hij weer mocht verschijnen.

Test

Deze tekeningen, evenals de nadere uitwerkingen die we maakten, van de bibliotheek en de gebouwen voor kantoor en showroom waren een test om te zien of de opdrachtgevers bereid waren de nodige financieringen te doen die uit de gemaakte wending voortvloeiden. Want dat was nog steeds niet duidelijk. Mijn eigen bureau ging er bijna aan onderdoor, want er was niemand die de noodzaak voor al die tekeningen en oefeningen zag.

Uitwerkingen

Op de plattegrond is verder te zien dat de huizenblokjes aan de achterzijde van de Hoogbrugstraat duidelijk waren. Ook de haak, door Siza ontworpen, was gereed en werd inmiddels gebouwd. Geert, Bettina en ik gaan aan de slag met de uiteindelijke vormen van de bibliotheek. Overigens hebben we na de Menorca-tekening nog twee varianten gemaakt. De ene zoals nu gerealiseerd is, en een ietwat lager en verder uitgespreid in de richting van de Bordenhal.

Test

These sketches, like the other elaborations that we made of th Library and the office and showroom buildings, were a test to see whether the clients were prepared to make the necessary investments arising from the change, because that was still unclear. My own firm almost went under, because there was n one who saw the need for all those drawings and exercises.

Elaborations

The ground plan also shows that the blocks of houses behind Hoogbrugstraat were clear. The hook designed by Siza was c ready and was under construction. Geert, Bettina and I get down to work with the final shape of the Library. We have m two variants since the Menorca sketch: the one that was final implemented, and a somewhat lower one that extended furth in the direction of the Bordenhal.

Parking

There is still the puzzle of parking below the balcony. I make ground plan with removable parts in different colours as a jigsaw puzzle to give each of the interests (parking lots for visitors to the apartments, shops, offices, and so on) a place c its own. Luckily everything falls into place.

Parkeergarage

Ook is er nog de puzzel van het parkeren beneden (onder het balkon). Ik maak een plattegrond met uitneembare onderdelen in diverse kleuren als een legpuzzel om alle belangen (parkeerruimte voor bezoekers van woningen, winkels, kantoren, enzovoort) een eigen onderscheiden plek te geven. Gelukkig valt alles op zijn plaats.

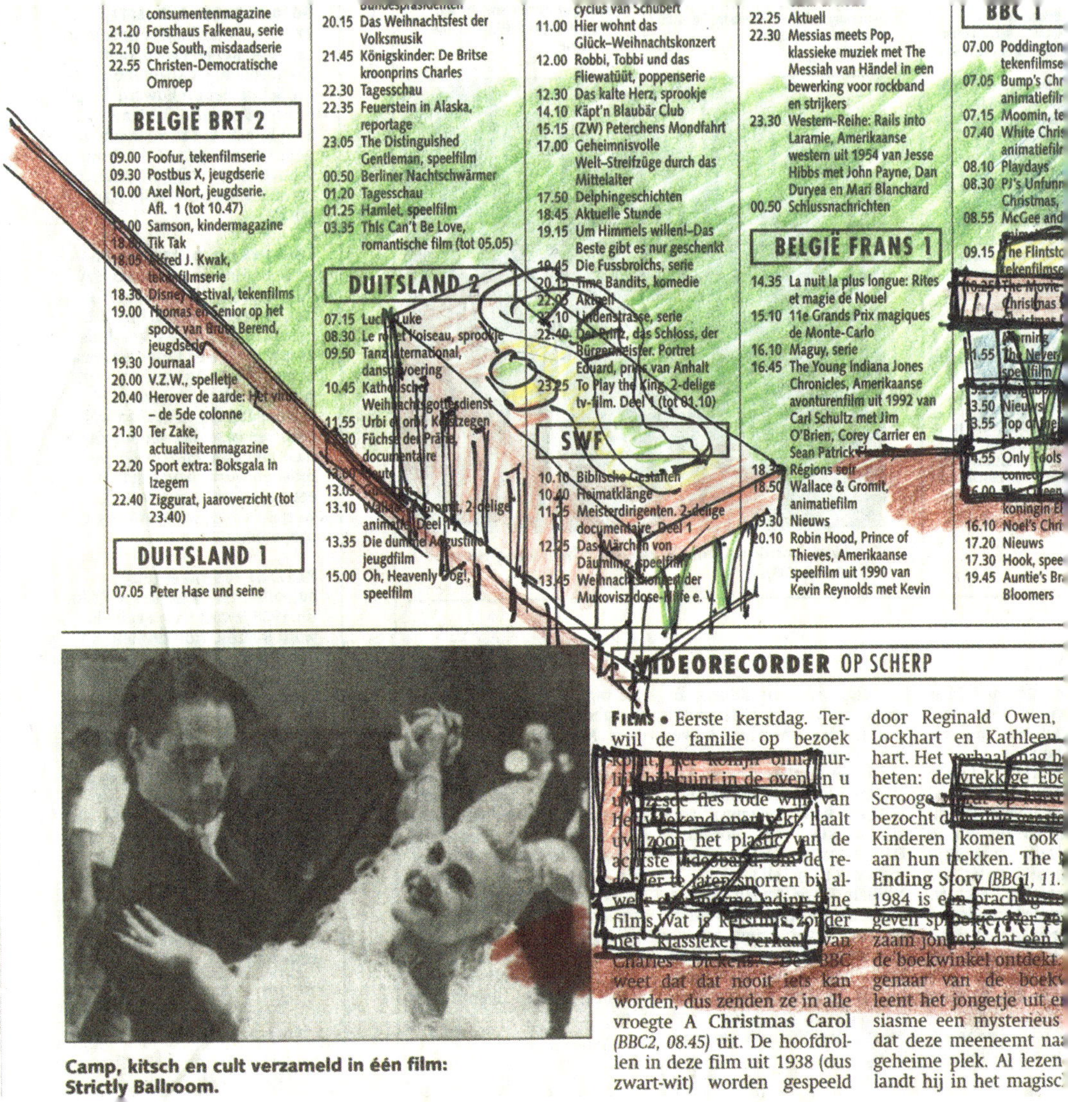

consumentenmagazine
21.20 Forsthaus Falkenau, serie
22.10 Due South, misdaadserie
22.55 Christen-Democratische Omroep

BELGIË BRT 2

09.00 Foofur, tekenfilmserie
09.30 Postbus X, jeugdserie
10.00 Axel Nort, jeugdserie. Afl. 1 (tot 10.47)
[illegible] Samson, kindermagazine
18.00 Tik Tak
18.05 Alfred J. Kwak, tekenfilmserie
18.30 Disney festival, tekenfilms
19.00 Thomas en Senior op het spoor van Bruno Berend, jeugdserie
19.30 Journaal
20.00 V.Z.W., spelletje
20.40 Herover de aarde: Het virus – de 5de colonne
21.30 Ter Zake, actualiteitenmagazine
22.20 Sport extra: Boksgala in Izegem
22.40 Ziggurat, jaaroverzicht (tot 23.40)

DUITSLAND 1

07.05 Peter Hase und seine

Bundespräsidenten
20.15 Das Weihnachtsfest der Volksmusik
21.45 Königskinder: De Britse kroonprins Charles
22.30 Tagesschau
22.35 Feuerstein in Alaska, reportage
23.05 The Distinguished Gentleman, speelfilm
00.50 Berliner Nachtschwärmer
01.20 Tagesschau
01.25 Hamlet, speelfilm
03.35 This Can't Be Love, romantische film (tot 05.05)

DUITSLAND 2

07.15 Lucky Luke
08.30 Le roi et l'oiseau, sprookje
09.50 Tanz international, dansopvoering
10.45 Katholischer Weihnachtsgottesdienst
11.55 Urbi et orbi, Kerstzegen
12.30 Füchse der Prärie, documentaire
13.00 Heute
13.05 [illegible]
13.10 Wallace & Gromit, 2-delige animatie. Deel 1
13.35 Die dumme Augustine, jeugdfilm
15.00 Oh, Heavenly Dog!, speelfilm

cyclus van Schubert
11.00 Hier wohnt das Glück–Weihnachtskonzert
12.00 Robbi, Tobbi und das Fliewatüüt, poppenserie
12.30 Das kalte Herz, sprookje
14.10 Käpt'n Blaubär Club
15.15 (ZW) Peterchens Mondfahrt
17.00 Geheimnisvolle Welt–Streifzüge durch das Mittelalter
17.50 Delphingeschichten
18.45 Aktuelle Stunde
19.15 Um Himmels willen!–Das Beste gibt es nur geschenkt
19.45 Die Fussbroichs, serie
20.15 Time Bandits, komedie
22.00 Aktuell
22.10 Lindenstrasse, serie
22.40 Der Prinz, das Schloss, der Bürgermeister. Portret Eduard, prins van Anhalt
23.25 To Play the King, 2-delige tv-film. Deel 1 (tot 01.10)

SWF

10.10 Biblische Gestalten
10.40 Heimatklänge
11.25 Meisterdirigenten, 2-delige documentaire. Deel 1
12.25 Das Märchen von Däumling, speelfilm
13.45 Weihnachtskonzert der Mukoviszidose-Hilfe e. V.

22.25 Aktuell
22.30 Messias meets Pop, klassieke muziek met The Messiah van Händel in een bewerking voor rockband en strijkers
23.30 Western-Reihe: Rails into Laramie, Amerikaanse western uit 1954 van Jesse Hibbs met John Payne, Dan Duryea en Mari Blanchard
00.50 Schlussnachrichten

BELGIË FRANS 1

14.35 La nuit la plus longue: Rites et magie de Nouel
15.10 11e Grands Prix magiques de Monte-Carlo
16.10 Maguy, serie
16.45 The Young Indiana Jones Chronicles, Amerikaanse avonturenfilm uit 1992 van Carl Schultz met Jim O'Brien, Corey Carrier en Sean Patrick Flanery
18.30 Régions soir
18.50 Wallace & Gromit, animatiefilm
19.30 Nieuws
20.10 Robin Hood, Prince of Thieves, Amerikaanse speelfilm uit 1990 van Kevin Reynolds met Kevin

BBC 1

07.00 Poddington tekenfilmse
07.05 Bump's Chr animatiefilr
07.15 Moomin, te
07.40 White Chris animatiefil
08.10 Playdays
08.30 PJ's Unfunn Christmas,
08.55 McGee and
09.15 The Flintsto tekenfilmse
10.25 The Movie Christmas
[illegible]
11.55 The Never speelfilm
13.50 Nieuws
13.55 Top of the
14.55 Only Fools comedy
16.00 The Queen koningin El
16.10 Noel's Chri
17.20 Nieuws
17.30 Hook, spee
19.45 Auntie's Br Bloomers

Camp, kitsch en cult verzameld in één film: Strictly Ballroom.

VIDEORECORDER OP SCHERP

FILMS • Eerste kerstdag. Terwijl de familie op bezoek komt, [illegible] in de oven en u uw zesde fles rode wijn van [illegible] opentrekt, haalt uw zoon het plastic van de achtste videoband, om de recorder te laten snorren bij [illegible] films. Wat is kerstmis zonder het klassieke verhaal van Charles Dickens? De BBC weet dat dat nooit iets kan worden, dus zenden ze in alle vroegte A Christmas Carol (*BBC2, 08.45*) uit. De hoofdrollen in deze film uit 1938 (dus zwart-wit) worden gespeeld door Reginald Owen, Lockhart en Kathleen hart. Het verhaal mag b heten: de vrekkige Ebe Scrooge [illegible] bezocht d [illegible] Kinderen komen ook aan hun trekken. The Ending Story (*BBC1, 11.* 1984 is een prachtig [illegible] geven sprookje [illegible] zaam jongetje dat een de boekwinkel ontdekt. [illegible] genaar van de boek leent het jongetje uit en siasme een mysterieus dat deze meeneemt na geheime plek. Al lezen landt hij in het magisc

Nauwelijks gereed,

BARELY FINISHED,

nu al op maandag ’s morgens

ALREADY CLOSED TO THE PUBLIC

en ’s middags dicht.

ALL DAY MONDAY.

3.55 The Hills are alive: The Sound of Music Phenomenon, reportage
4.35 Victory Stills, reportage
4.55 Memories and Celebrations, terugblik op herdenkingsplechtigheden t.g.v. 50 jaar einde Tweede Wereldoorlog
6.00 Trick on Two, goochelen
6.10 La bohème, opera van Puccini
8.05 Today's the Day Christmas Special
8.35 Some Enchanted Evening ... tekstdichter Oscar Hammerstein
... Jane Austen ...
... The Queen, kersttoespraak
2.00 The Abbey with Alan Bennett, reportage-serie Afl. 1
... Farewell My Concubine/Bawang bie ji speelfilm
... In – 25th Anniversary Special
2.30 (ZW) A Night at the Opera, speelfilm

... Night 17.15 Hanging Out 17.30 Dial MTV 18.00 Hitlist UK 20.00 Greatest Hits 21.00 Unplugged with Rod Stewart 22.00 Real

José Carreras (Nederland 1, 23.05).

...k Fantasie (BBC 1, 17.20-19.45 en 0.25-23.00) is de verfilming van ... Peter Pan... Steven Spielberg ... 1991 Robin Williams ... inmiddels geworden Peter Pan, Ju... het elfje ... en Dustin Hoffman ... Kapitein Haak ... ne Alone II (Nederland ... .08), het vervolg van ... teren uitgezonden eer... l waarin Macauley Cul... New York de twee in... uit het deel 1 weer tegen het ongure lijf loopt. Een leuke dansfilm. Dat klinkt wat *corny*, na tamelijk vervelende films als *Dirty Dancing* en *Salsa*, maar het Australische **Strictly Ballroom** *(Duitsland 1, 17.45)* is bepaald andere koek. Dankzij de humor, de parodische elementen en het hoge *camp* gehalte kreeg deze film een behoorlijke cult-status, wat later bijvoorbeeld ook gebeurde met vergelijkbare films als *Priscilla, Queen of the Desert*.
Beetje langzaam, maar wel prachtig vormgegeven is **Farewell My Concubine** *(BBC2, 23.00)* uit 1993, met de prachtige Gong Li in een hoofdrol. Het verhaal gaat over Dieyl, die in 1925 in de opera wordt achtergelaten. Hij wordt opgevoed door Xiaolou, en omdat hij zo knap is, speelt hij vaak vrouwenrollen in de opera. Als Xiaolou trouwt met een prostituée (Li), wordt Dieyl verteerd door jaloezie.
Ook mooi: Demi Moore in de overspel-maakt-niet-gelukkig-film **Indecent Proposal** *(BBC1, 23.10)*. Robert Redford is de miljonair die voor een miljoen gulden met Demi het bed mag delen.

een jongetje wiens ouders zijn overleden en wiens opa niet om hem geeft.

Mutiny on the Bounty (DLD2, 01.15) • Amerikaanse speelfilm uit 1962. Regie: Lewis Milestone. Hoofdrollen: Marlon Brando, Trevor Howard en Richard Harris. 1787. De Bounty zeilt in opdracht van de Britse regering naar Tahiti. Gezagvoerder is de meedogenloze kapitein Bligh. Hij wil bij wijze van experiment aan de west- in plaats van aan de oostkust van Tahiti aan land gaan. Hierbij komt het schip vlak voor Kaap de Goede Hoop terecht in de aanbrekende winter.

A Christmas Reunion (RTL4, 23.55) • Amerikaanse speelfilm uit 1993. Regie: David Hemmings. Hoofdrollen: James Coburn, Edward Woodward, Meredith Edwards en Gweirydd Gwyndaf. De sneeuwvlokjes dwarrelen naar beneden, kerstliedjes klinken uit alle huizen en de kerstbomen zien er fantastisch uit. Een perfect begin voor een paar heerlijke kerstdagen. Maar niet voor Jimmy. Een eenzame jongen die door de straten doolt. Drie maanden geleden stierven allebei zijn ouders ten gevolge van een vreselijk auto-ongeluk. Zijn opa die hem nu opvoedt, is koud en afstandelijk en bekommert zich nauwelijks om Jimmy.

A Night at the Opera (BBC 2, 02.30) • Amerikaanse speelfilm uit 1935 (zwart-wit). Regie: Sam Wood. Hoofdrollen: Groucho Marx, Harpo Marx en Chico Marx. De Marx Brothers proberen twee van hun vrienden door te laten gaan voor grote operasterren.

23 dec 95

bibliotheek
ceramique

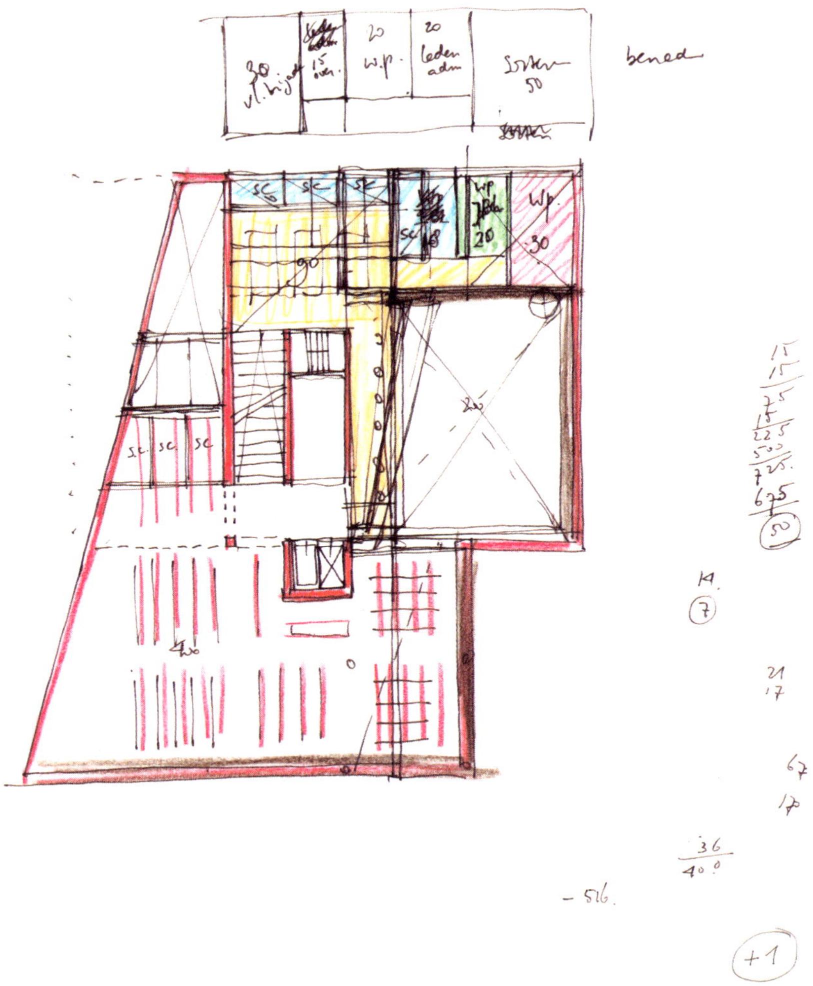

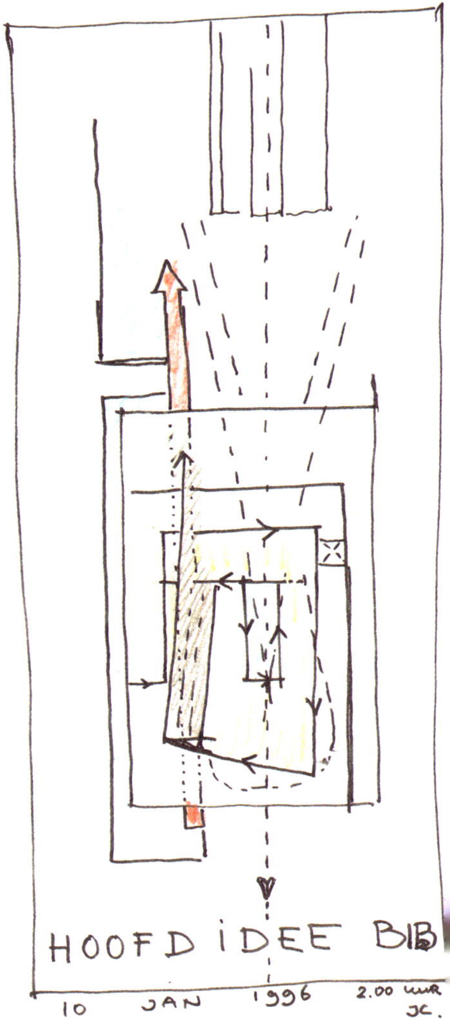
HOOFD IDEE BIB
10 JAN 1996 2.00 UUR
JC.

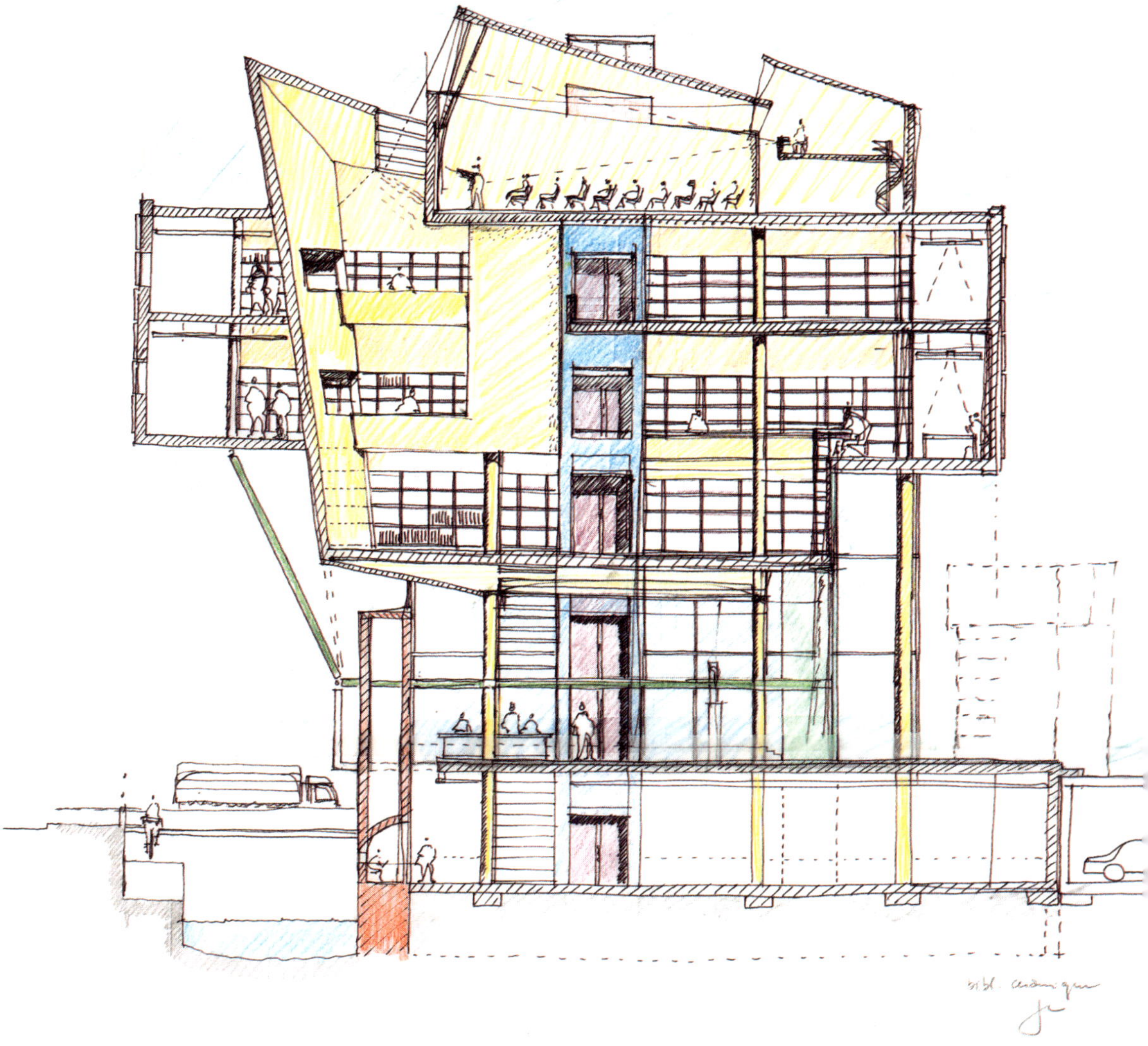

bibl

2° perspectief: iets beter, biedt al meer beschutting het café-terras is over de gehele breedte opgetild om de bordes annex dak te bereiken. Dit ligt er echter nog steeds geïsoleerd bij. Doodzonde! Ook uit deze tekening blijkt de leegte die veroorzaakt wordt door de scheiding tussen boven en beneden of binnen en buiten! Een mooie tekening.

geen. dit is de maastrichtse stadshal klaar om met schotten volgezet te kunnen worden is dit de beroemde multifunktionele ruimte? zelfs een designer zal dit niet meer kunnen oplossen met een listige indeling. Deze hal blijft leeg! laat dit aub Huub zien en vraag of dit zijn bedoeling is!

voor Henk Paris 96

trein Ehv. - Tilburg 8 nov 96

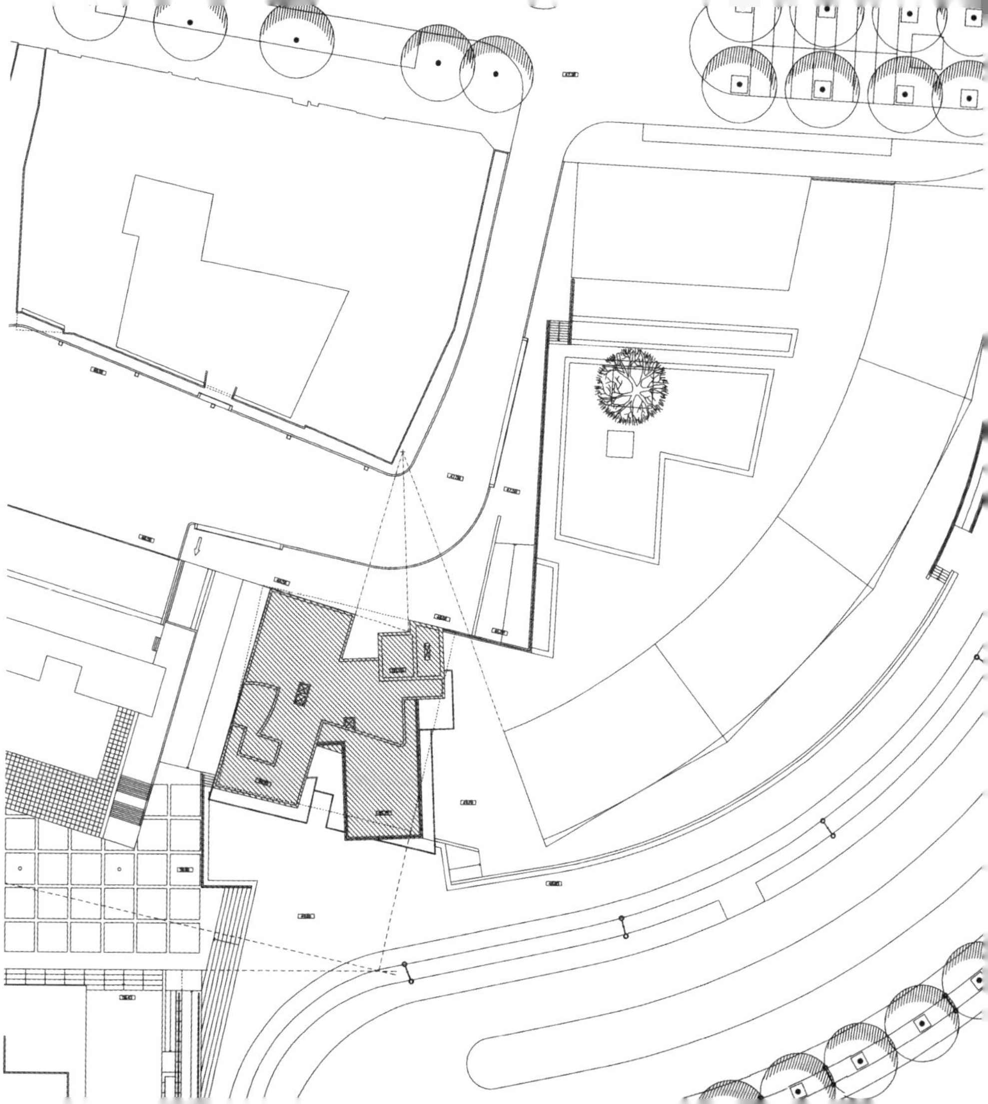

Álvaro Siza

gedetailleerd
Stadsontwerp

Schets | Sketch Álvaro Siza

Driemaster vliegend

THREE-MASTER FLYING

in de buik van de dolfijn:

IN THE DOLPHIN'S BELLY.

Ziel van het gebouw?

SOUL OF THE BUILDING?

blic spaces

e also continue with the elaboration of the public spaces. I am spired by a visit to Orvieto, where I photograph the steps in ont of the church, and by all kinds of other places: I feed these eas to those who are working on them. I urge the need to ace trees in the square – space has to be made for the roots in e car park – and fight for them. I also give some thought to the atercourses.

als architect van het Ribgebouw weer op, ter zijde gestaan door zijn protégé Yann Kéromnes uit Parijs en partner-architect Boudewijn Snelder uit Maastricht.

Publieke ruimtes

Verder werken we de publieke ruimten steeds meer uit. Zo word ik onder meer geïnspireerd door een bezoek aan Orvieto, waar ik de trappen voor de kerk fotografeer, en door allerlei andere plaatsen: daarmee voed ik degenen die er mee bezig zijn. Ik dring aan op het plaatsen van bomen op het plein – voor de wortels moet ruimte worden gemaakt in de parkeergarage – en voer daar gevechten voor. Ook denk ik na over de waterlopen.

Noordknoop 15.11.96.

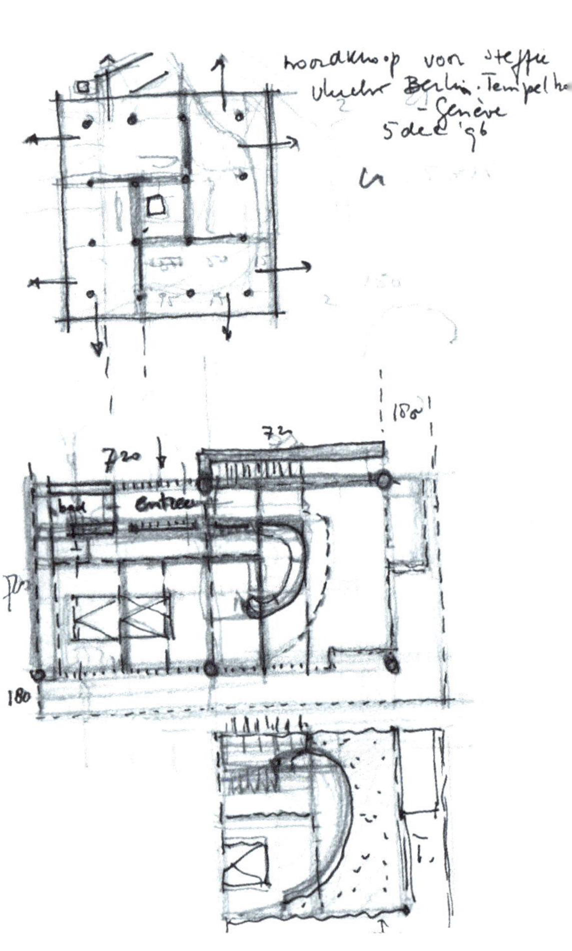
Genève
5 dec '96
720
bad
Entree
180

Lege bierfles

EMPTY BEER BOTTLE

onder de bank. Hadden ze

UNDER THE BENCH. DID THEY

dit ook getekend?

DESIGN THIS TOO?

7
5
6
2
4
1
3

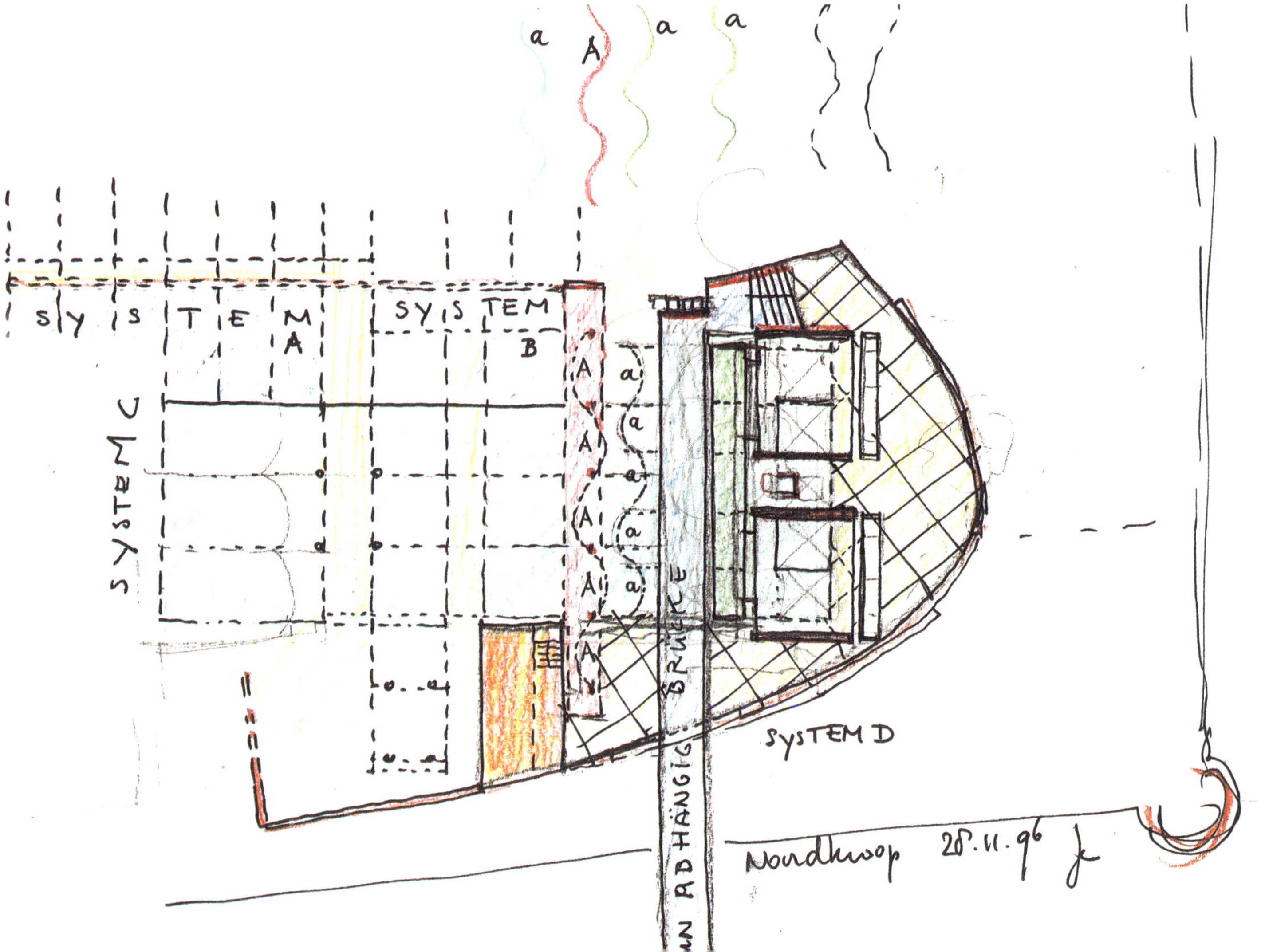

a A a a
SYSTEM A
SYSTEM B
SYSTEM C
SYSTEM D
A A A A A A A
a a a a a
AN ABHÄNGIGE BRÜCKE
Nordknop 28.11.96

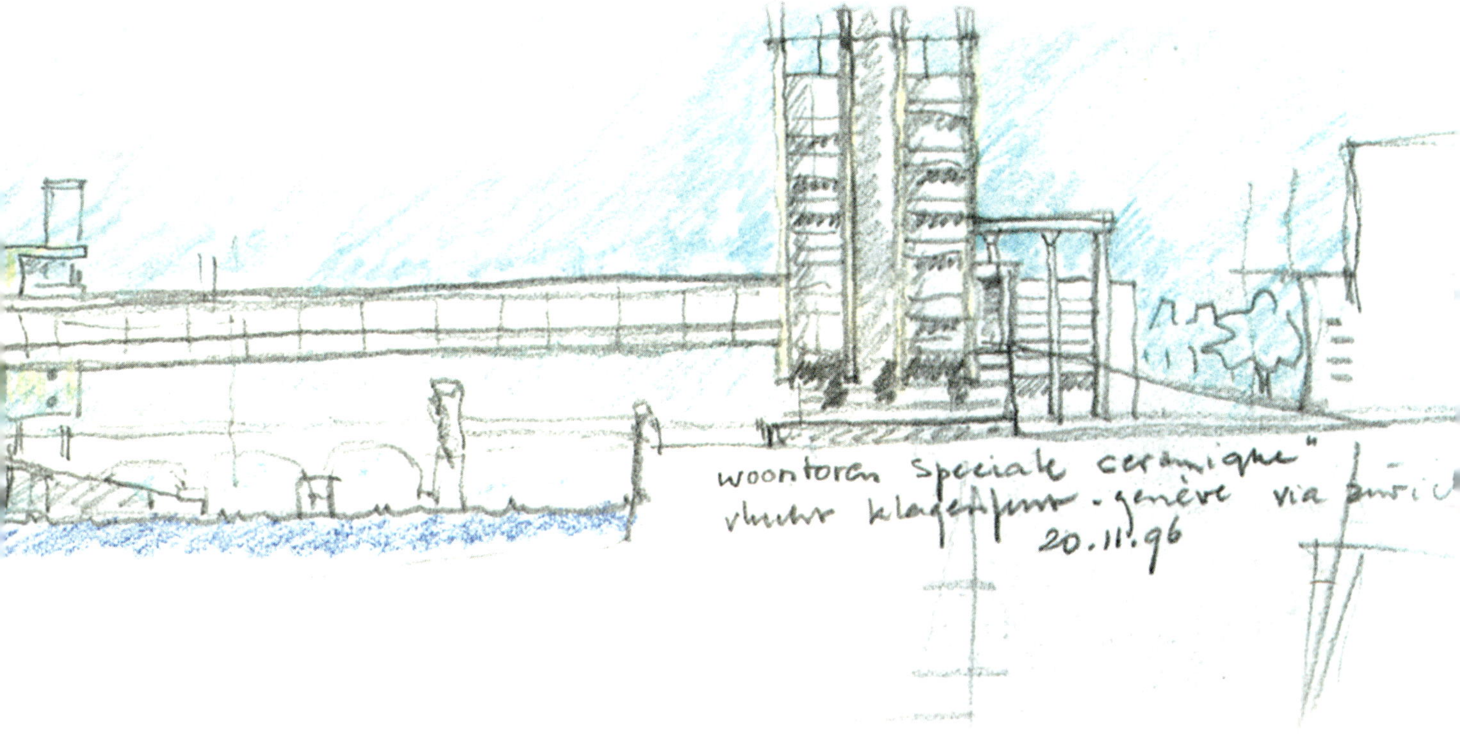
woontoren speciale ceramique"
vlucht klagenfurt - genève via
20.11.96

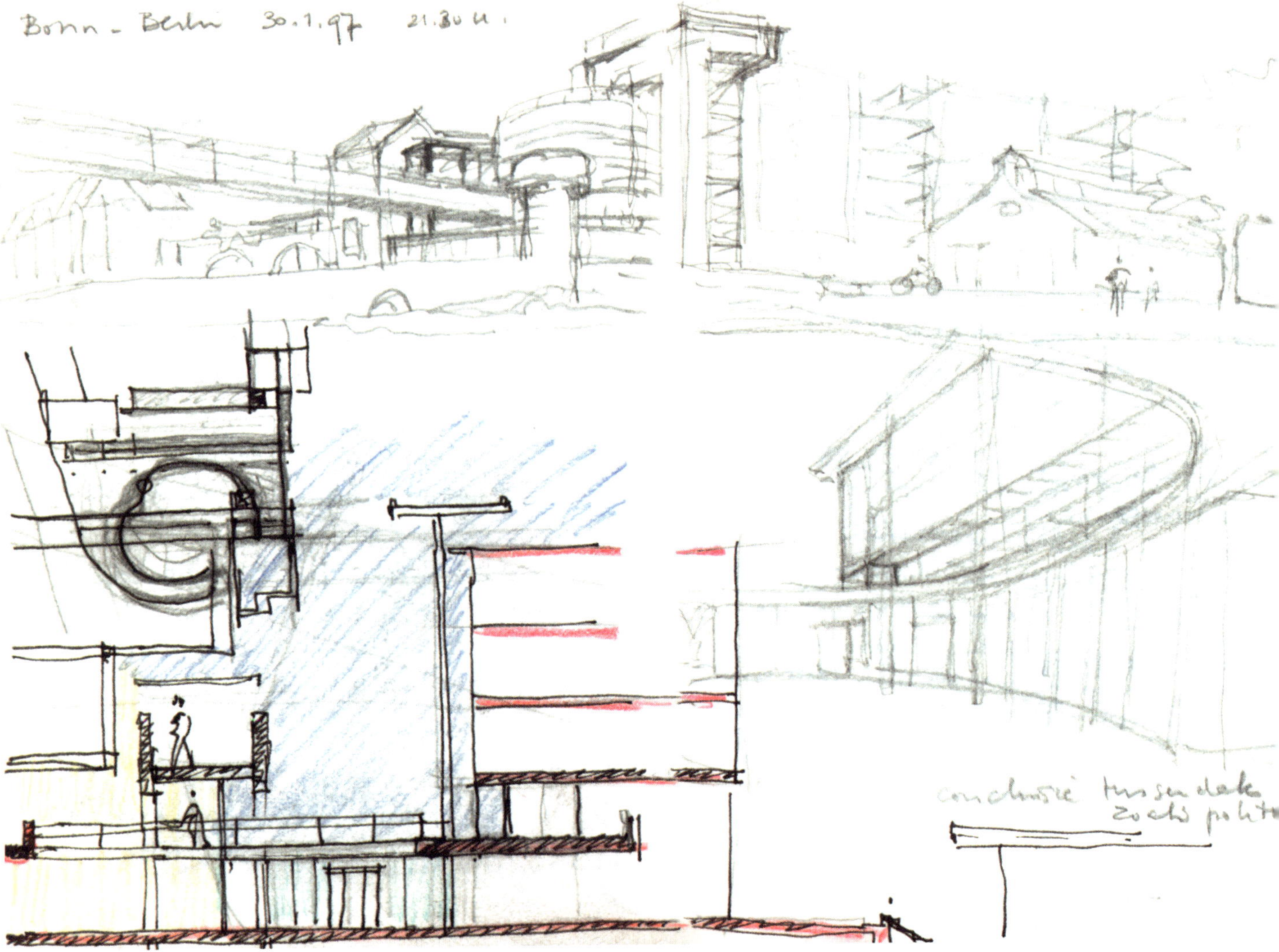
Bonn - Berlin 30.1.97 21.30 u.
conclusie tussendak

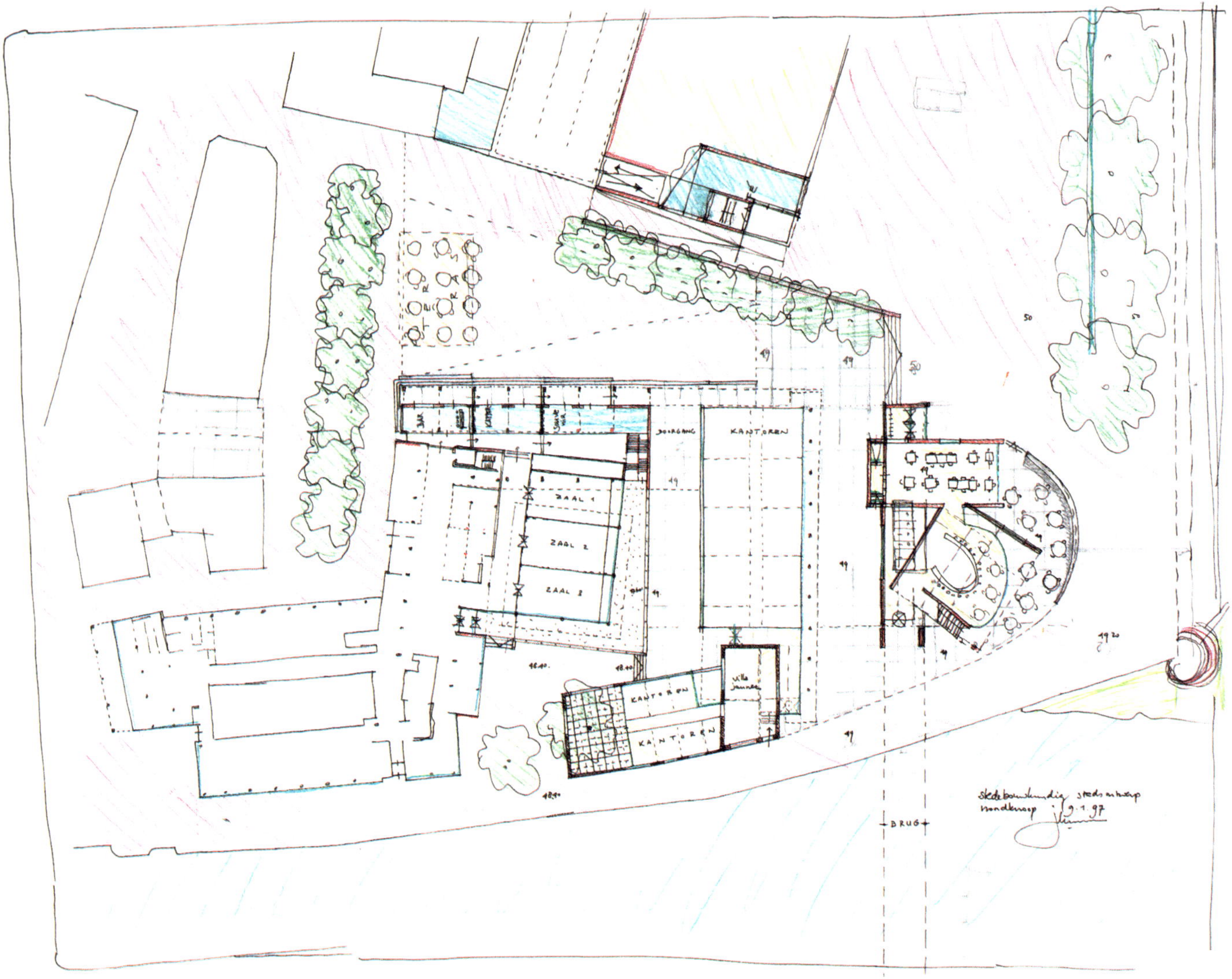
DOORGANG
KANTOREN
ZAAL 1
ZAAL 2
ZAAL 3
KANTOREN
KANTOREN
BRUG
49
50
48.40
49.20

21 jan 1997

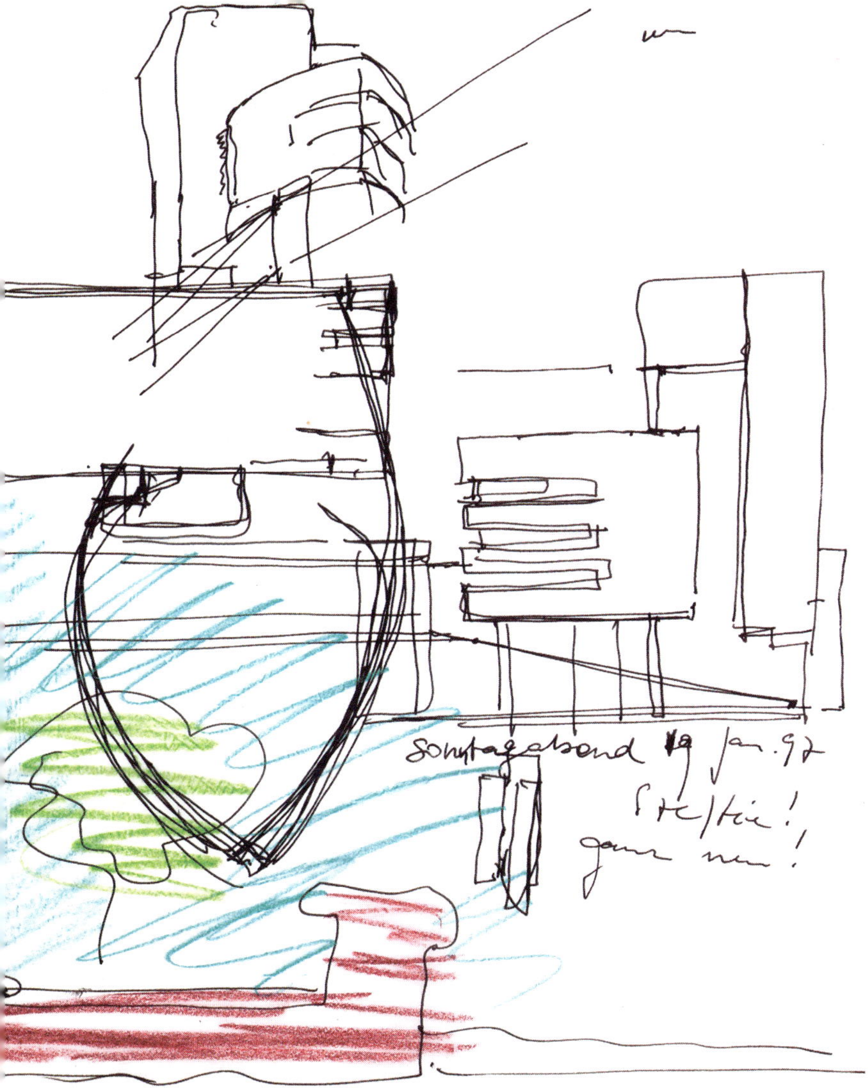
Sonntagabend
Jan. 97
ganz neu!

RESIDENTIE DUUR

AH
WINKELS DV.
PERGOLA
PERGOLA

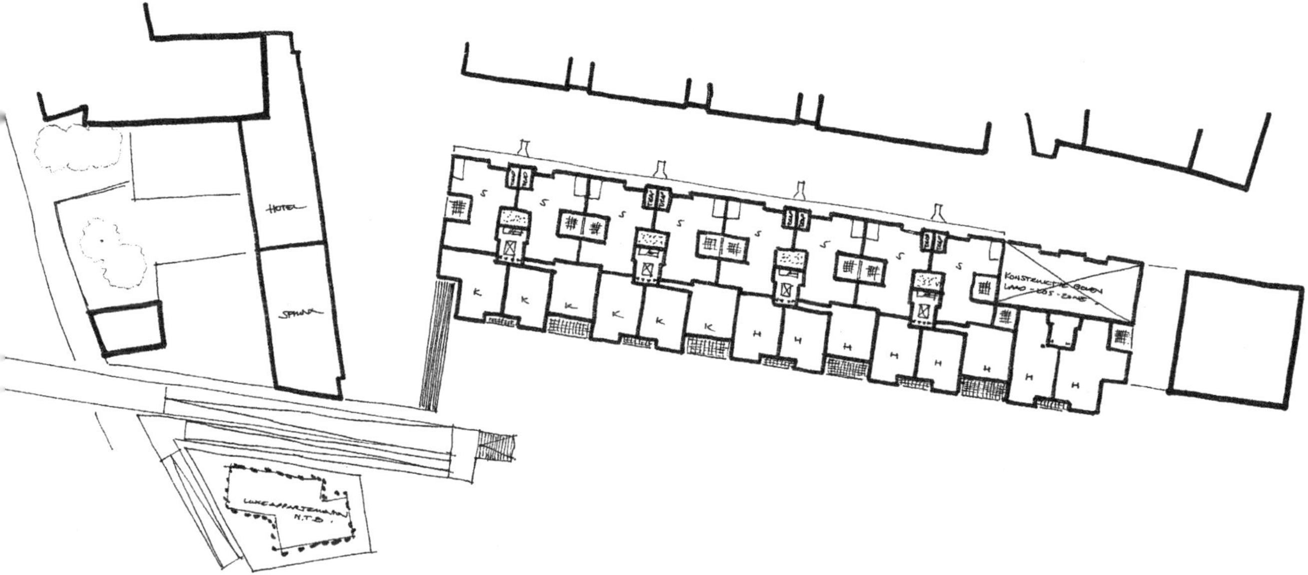
HOTEL
KONSTRUKTIE BOVEN
LAAD-LOS-ZONE
LUXE APPARTEMENTEN
N.T.B.

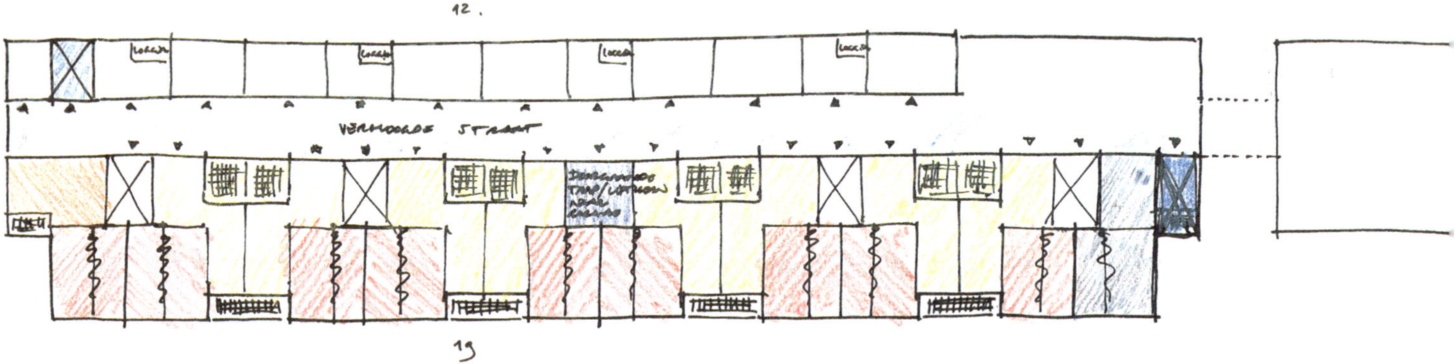

RINGGEBOUW NOORDWAND
LAAG +1 VERMOORDE STRAAT
26 06 96.

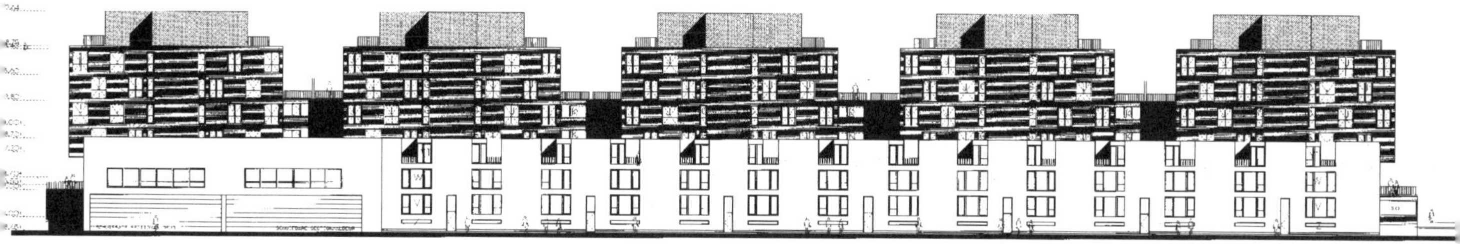

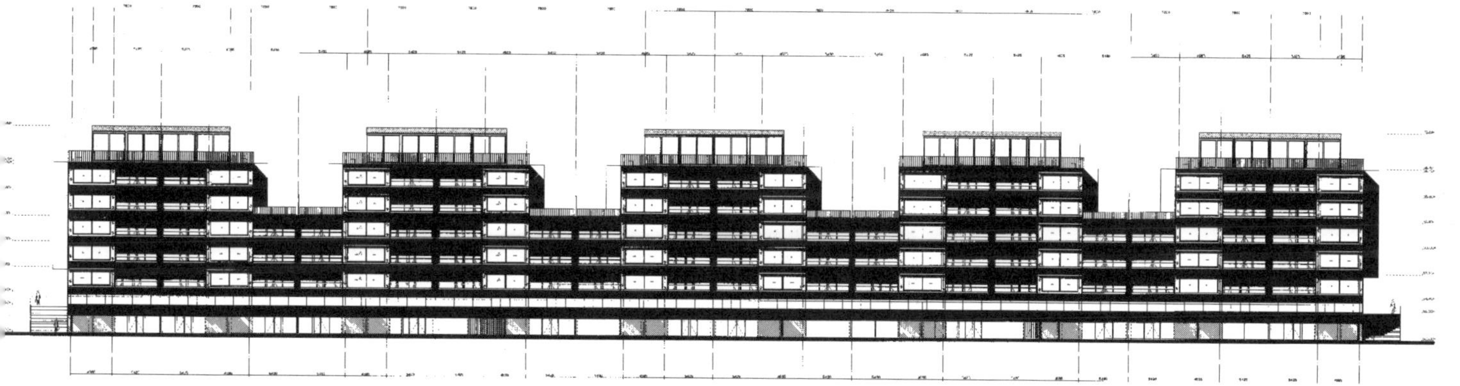

Aurelio Galfetti, Yann Kéromnes en | and Boudewijn Snelder

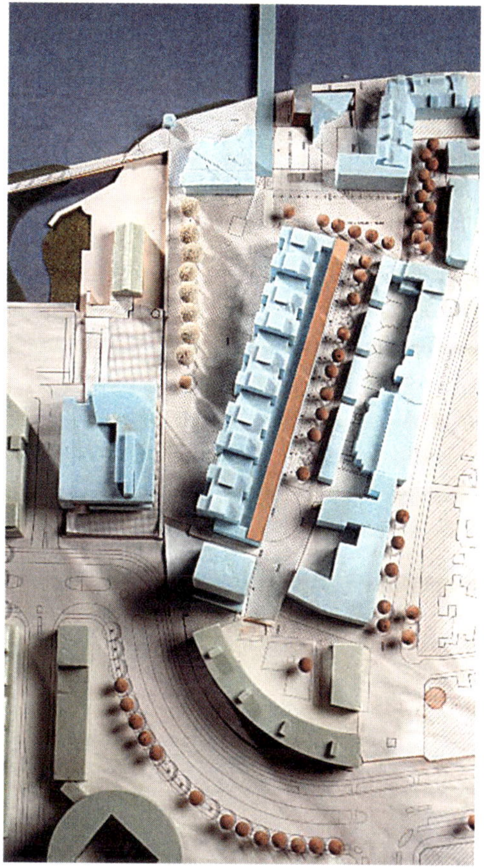

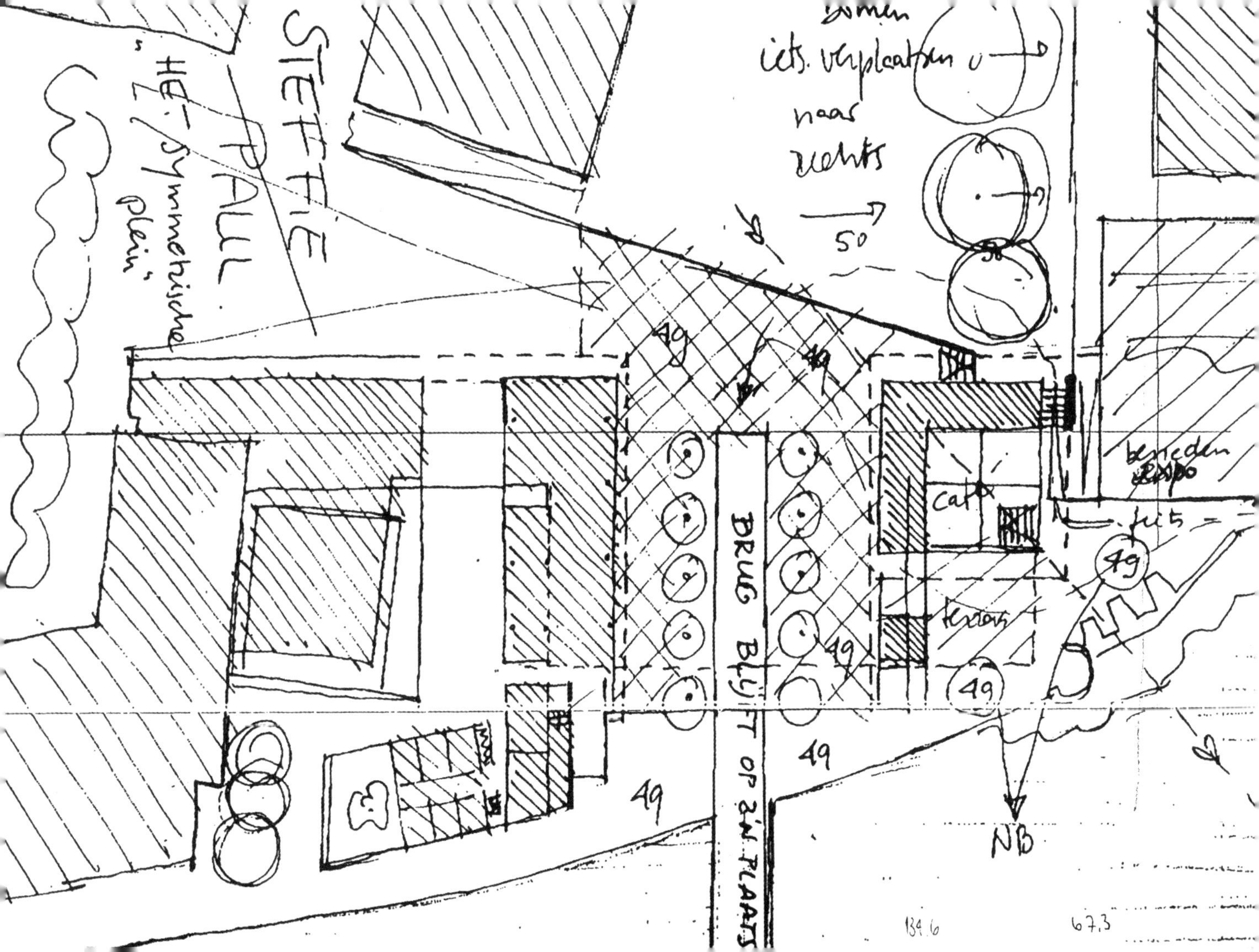
bomen
iets verplaatsen
naar
rechts
50
STEFFIE
PAUL
HET 'symmetrische plein'
49
49
49
49
49
49
49
DRUG BLIJFT OP Z'N PLAATS
café
terras
NB
134.6
67.3

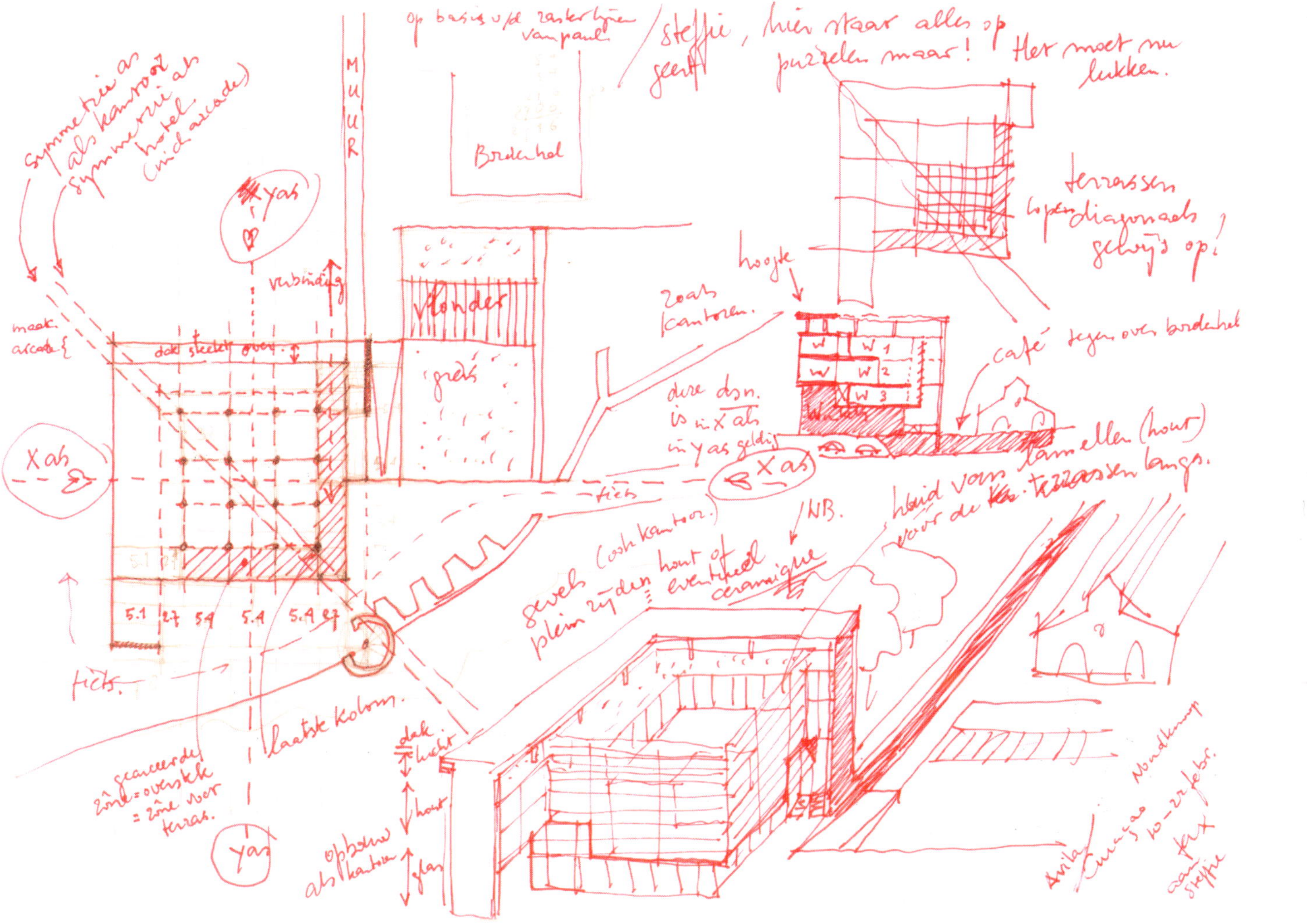
op basis v/d rasterlijn van paul
steffie, hier staat alles op
geeft
puzzelen maar!
Het moet nu lukken.
MUUR
Bordenhol
yas
Xas
vloeder
gras
verbinding
dak steekt over
maak arcade
hoogte
zoals kantoren
dure dsn. is in x as in y as geldig
café tegenover bordenhol
terrassen lopen diagonaals schuijs op!
huid van lamellen (hout) voor de terrassen langs.
NB.
gevels (ook kantoor) plein zijden hout of eventueel ceramique
5.1 2.7 5.4 5.4 5.4 2.7
fiets
laatste kolom
dak hecht
hout
glas
opbouw als kantoor
2e geaccentueerde zone = overstek = zone voor terras.
Yas
W 1
W 2
W 3
Nordkamp
Curaçao 10–27 febr.
fax aan steffie

4 mrt 97

Trotse graffiti,

PROUD GRAFFITI,

en het huis is nog maar pas

AND THE HOUSE HAS ONLY JUST

een 'showroom'!

BECOME A SHOWROOM!

reservering
Berlin - Köln
JPQ 385
16.15 - 17.10
22.
Dresden 21 april

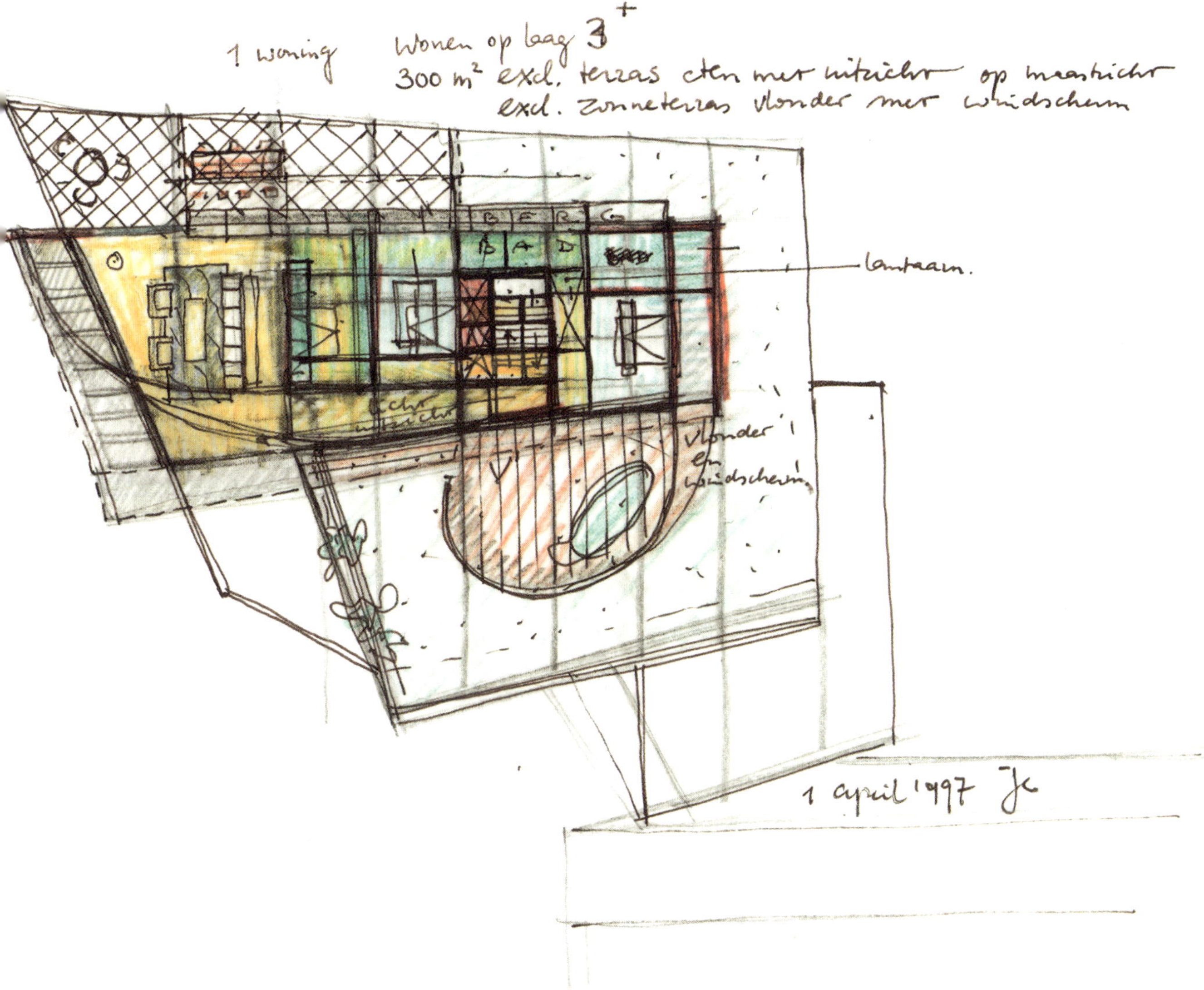
1 woning
Wonen op laag 3+
300 m² excl. terras eten met uitzicht op maastricht
excl. zonneterras vlonder met windscherm
BERG
BAD
lantaarn.
vlonder en windscherm
1 april 1997 Jc

april 97

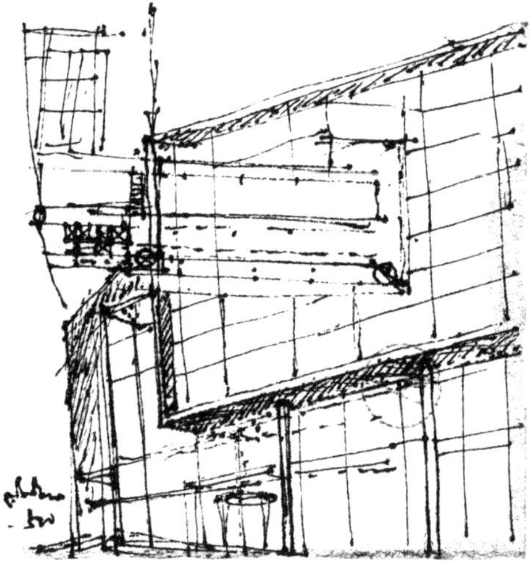

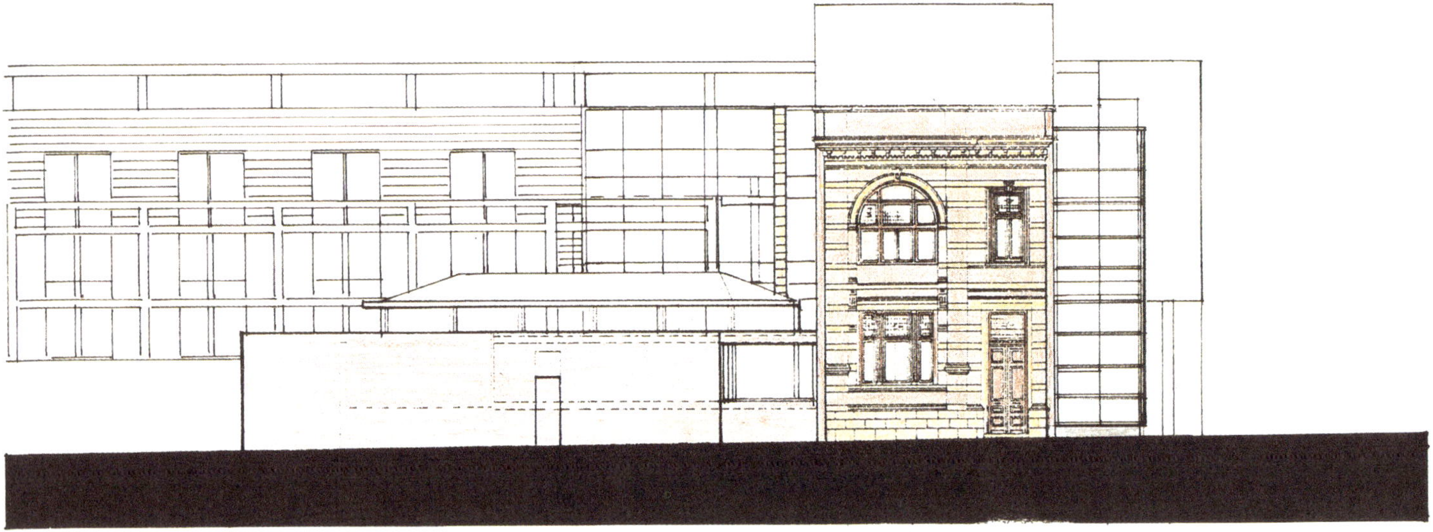

WESTGEVEL

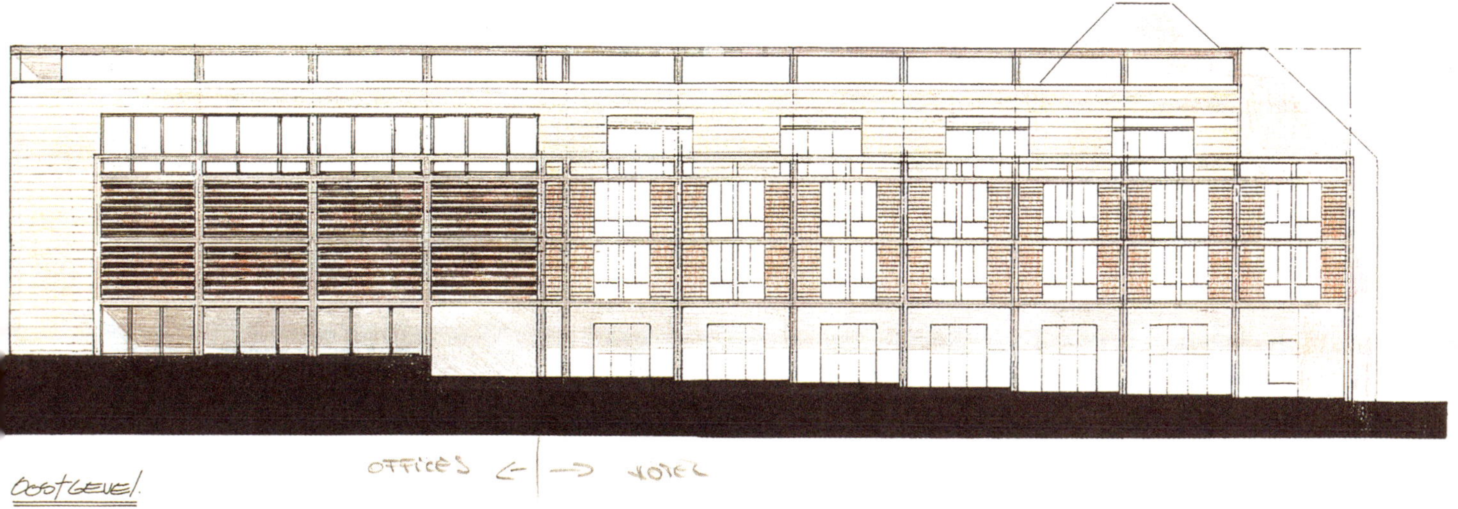

CÉRAMIQUE OFFICES : EASTFACADE. AT THE LEFT OFFICE-PART, AT THE RIGHT THE HOTE

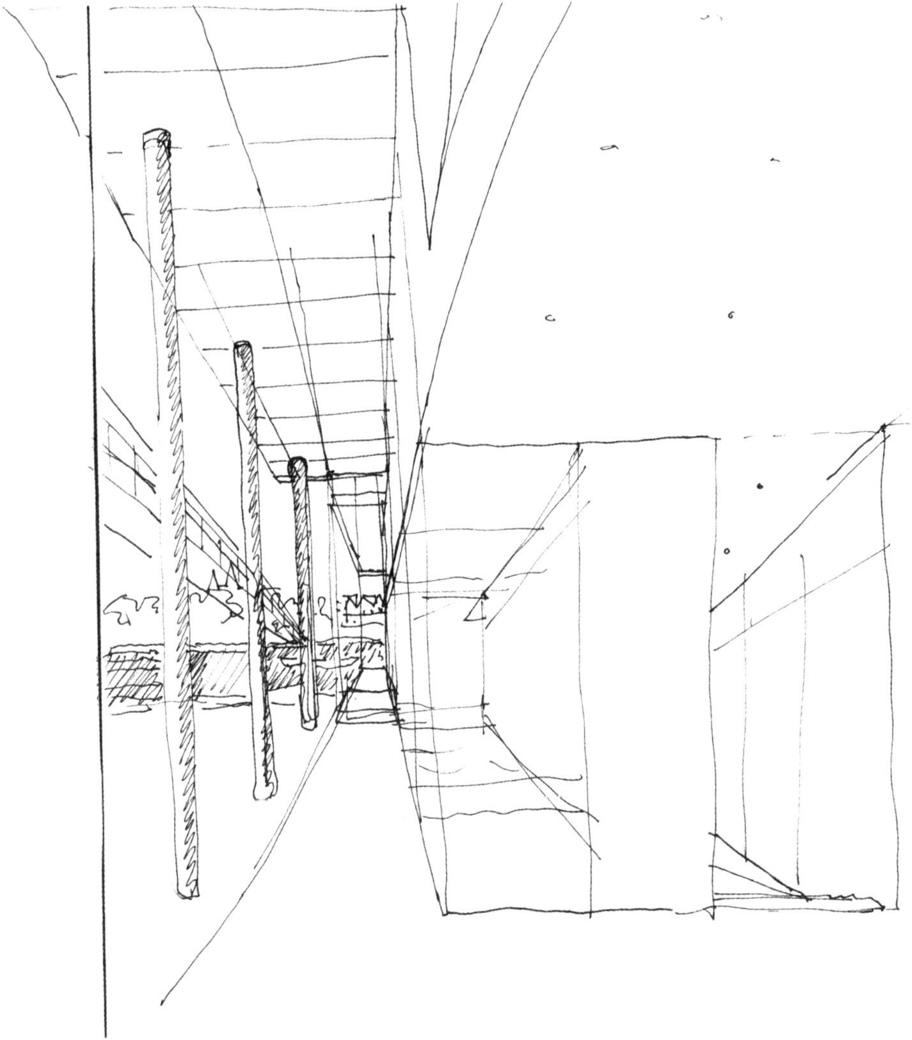

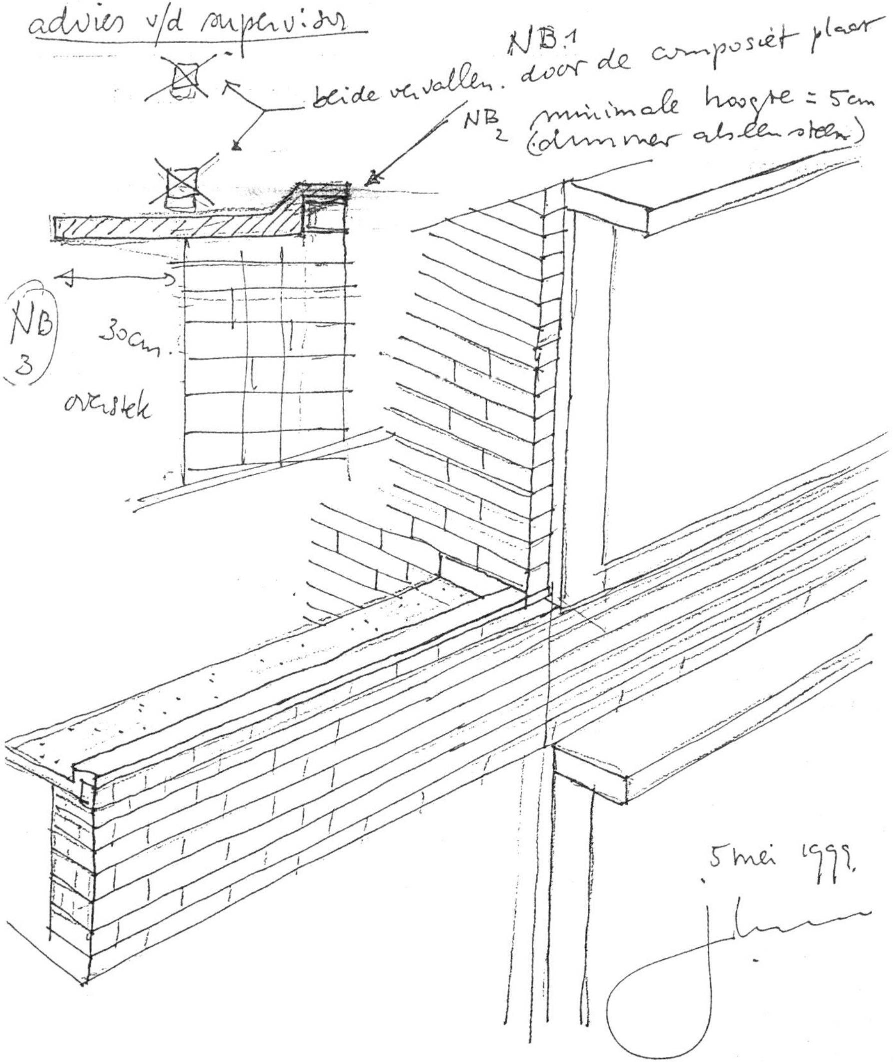

advies v/d supervisor
NB 1
beide vervallen. door de composiet plaat
NB 2
minimale hoogte = 5cm (dunner als een steen)
NB 3
30cm.
overstek
5 mei 1999.

Schets | Sketch Aurelio Galfetti

Wentelend papier

PAPER CURLING

over de stenen. Eerste

OVER THE PAVING. FIRST

winter van het plein.

WINTER OF THE SQUARE.

Noordknoop
definitieve versie verlichting
besproken en goedgekeurd op 1 april 98

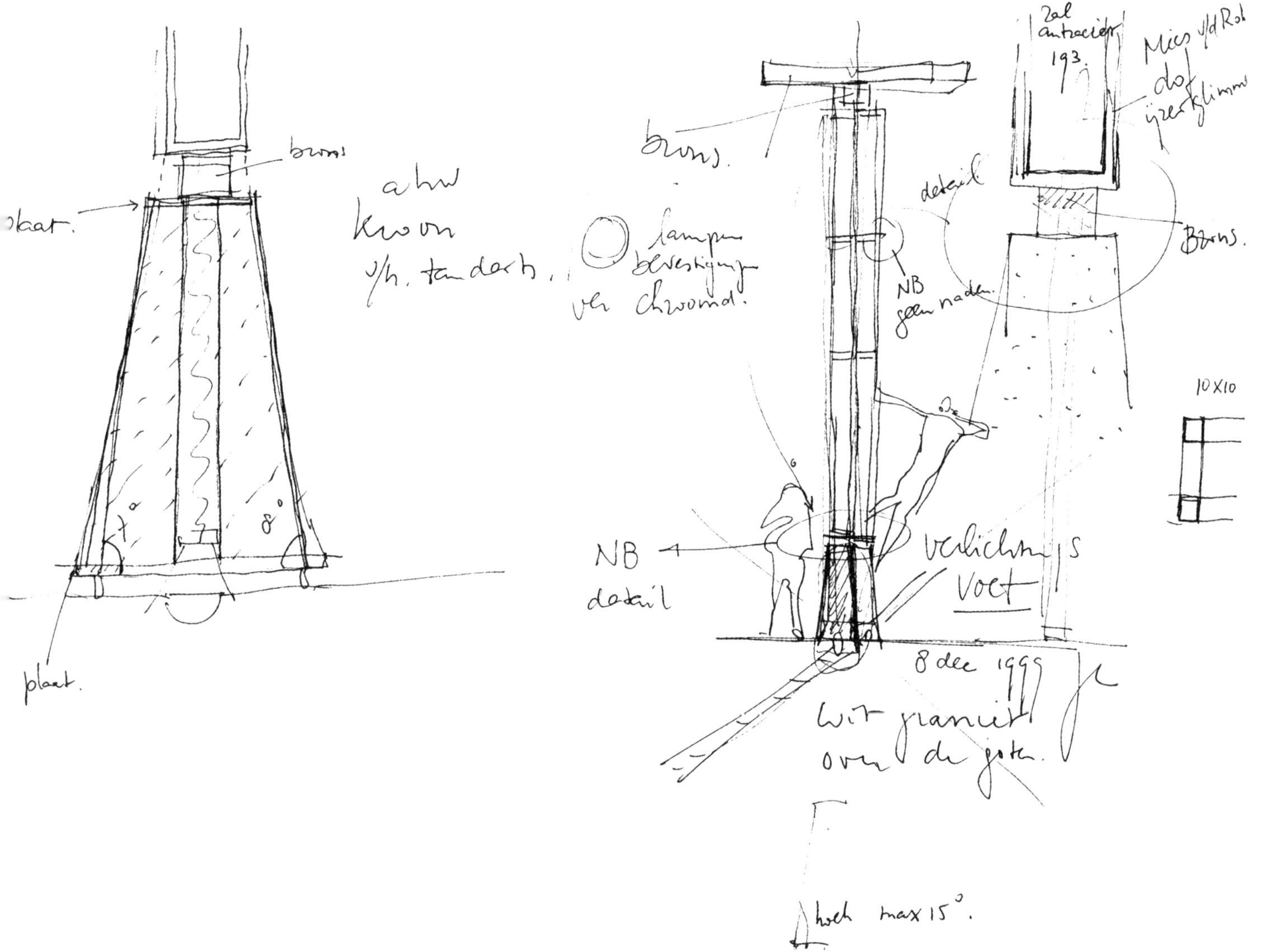

brons
plaat.
a.h.w. kroon v/h. standaard
plaat.
8°
brons.
detail
Brons.
NB geen naden.
NB detail
verlichtings voet
8 dec 1999
wit graniet over de goten.
10x10
hoek max 15°.

Op zoek naar geschiedenis, verrast door leven Hunting for history, surprised by life

Herman Coenen

Aan de oever van de Maas, in het oude stadsgedeelte van Maastricht, zit een tekenaar.
In stevige zwarte krijtlijnen schetst hij de overkant: de stenen kade, de twee torentjes uit vroeger eeuwen, de lage oever daarvóór, aflopend naar de rivier. Aan de rand van het water, als het ware oprijzend uit het donker dat uit de diepte van het water lijkt te komen, twee menselijke figuren. De één zit, de ander staat, ze lijken met elkaar te praten. Achter hun ruggen wordt het donker van het water herhaald: duistere wolken bijeengedreven uit een vijftiental schoorstenen, de rokende pijpen van een zwaar, wijduitgestrekt lichaam van steen, rood- en donkerbruine gebouwen, zwarte gebogen daken, steeds repeterend, hier en daar een huis, vaalwit, herinnerend aan de boerderijen en pastorieën die verderop in de heuvels van het Limburgse land nog helder wit, voornaam, of eenvoudig en sereen zijn. De fabriek van de Sphinx, in vol bedrijf. Het nieuwe domein van de arbeid, het regiem, het zwoegen, de macht en de rijkdom ervan.
De tekening werd voltooid, opgerold en mee naar huis genomen. Ze werd ingelijst in gevlamd donkerbruin hout en voorzien van een fraai gevormd bronzen plaatje met de datum 14 juli 1921. Werd hij verkocht, aan iemand geschonken, misschien bij een jubileum van een hooggeplaatste feestelijk aangeboden, met een toespraak, muziek van de harmonie, een receptie voor de plaatselijke welgestelden en notabelen? Kwam hij ooit op een oude zolder terecht, vergeten?
Nu hangt hij aan een langgerekt wit paneel ter zijde van de trap in de helder verlichte hoge binnenruimte van de Stadsbibliotheek, die een andere tekenaar ontwierp, vaak wandelend langs de plek waar de man in 1921 zat te kijken, gebogen over zijn langzaam donkerder wordend blad papier. En wandelend aan de overzijde, waar hij nog de resten zag van de fabriekshallen, die toen hun sombere kleuren zo kwistig verspreidden door hemel en landschap, en over de mensen die als nietige wezens dagelijks de poorten in en uit gingen. Wandelend en kijkend naar het veranderde licht, luisterend naar de klanken die uit de oude stad kwamen, nu het eind van die eeuw met zijn onbegrijpelijke mengeling van duister en licht zich in ieders gemoed was begonnen af te tekenen.

De tekening doet mij denken aan een nog oudere, die ik vorig jaar zag hangen in mijn logeerkamer in het huis van mijn achterneef Jarek, in het Poolse Poznan. Jarek is restaurateur – een uiterst bekwame – en zeer geïnteresseerd in geschiedenis. Avonden lang zaten we in die koude maartse week foto's te bekijken uit een schoenendoos, portretten van lang overleden familieleden, strakke boerengezichten, stijve lijven poserend voor de ruwe planken van een schuur, een zwerm stralende ogen in een burgerlijk interieur, een jonge vrouw op haar bruiloft, een radiante trotse schoonheid: mijn eigen grootmoeder.
De tekening aan de wand was een originele plaat, een kopergravure, prachtig ingekleurd met waterverf, uit een boek met stadsaanzichten, het Civitates Orbis Terrarum van Georg Braun en Franz Hogenberg, uit 1574. De plaat toonde de stad Maastricht, gezien vanuit de heuvels ten oosten ervan. Te zien waren stads-

A draughtsman is sitting on the banks of the River Maas in Maastricht's historic quarter.

He is sketching the opposite side in thick, black lines of crayon: the stone embankment, the two small towers from ages past, the low banks in the foreground, sloping down to the river. At the water's edge, as if emerging from the darkness that seems to emanate from the watery depths, stand two human figures. One is seated, the other standing, and they seem to be in conversation with one another. Behind them, the darkness of the water returns: gloomy clouds gathered together from some fifteen chimneys, the belching pipes of a heavy, sprawling mass of stone, red-brown and dark brown buildings, black arched roofs, repeated again and again, houses dotted here and there, off-white, reminiscent of the farmhouses and presbyteries that stand yonder, still in shining white, amidst the hills of Limburg's countryside, stately, or simple and serene. The Sphinx factory – production in full swing – the new dominion of work, the regime, the toil, the power and its rich profits.

The drawing is completed, rolled up and taken home. It would be framed in dark brown wood and given a beautifully rendered bronze plate with the date July 14, 1921. Would it be sold, given to someone, perhaps festively presented on the jubilee of a high-ranking official, with a speech, music played by a brass band, a reception for the well-heeled locals and city dignitaries? Did it ever end up in an old attic, forgotten?

Now it hangs on a long white panel to the side of the staircase in the brightly lit, lofty interior of the City Library, a building designed by another draughtsman, who has also often strolled past the spot where the man sat sketching the view in 1921, bent over his sheet of paper as it gradually darkened. And he has also strolled by on the opposite side, from where he could see the remains of the factory buildings, which in times gone by spread their sombre colours so extravagantly across the sky and the landscape, and over the people who daily entered and exited the gates like insignificant minions. Strolling along and observing the changing light, listening to the sounds issuing from the old city, now that the end of that century with its unfathomable concatenation of shadow and light had started to etch itself on everyone's conscience.

The drawing reminds me of one even older that I saw hanging last year in my guestroom in the house of my second cousin, Jarek, in the Polish town of Poznan. Jarek is a restorer – a highly skilled one – and very interested in history. During that cold March week we would sit for long evenings browsing through photographs from a shoebox, portraits of family members long dead, stern farmers' faces, rigid torsos posing in front of the bare planks of a barn, a sea of beaming eyes in a bourgeois interior, a young lady at her wedding, a radiant, proud beauty: my own grandmother.

The drawing on the wall was an original engraving, a copperplate, stunningly filled in with watercolours, from a book with city views, the *Civitates Orbis Terrarrum*, by Georg Braun and Franz Hogenberg, dating from 1574. The engraving showed

muren, torens en kerken, schepen op de Maas; op de voorgrond mensen, bezig met het bleken van linnen. Links, aan de zuidzijde van Wyck, dat toen al tot de stad behoorde, het terrein waar eeuwen later Regout zijn Sphinx-aardewerkfabrieken zou vestigen. Jarek had deze plaat ontdekt in een antiquariaat in Poznan – dezelfde waar ik ooit een in perkament gebonden boekje van Erasmus vond, gedrukt in Amsterdam in 1649.
Jammer genoeg was er een hoek afgescheurd. Maar omdat Jarek in diezelfde tijd in Maastricht werkte, in het oude huis dat Jo daar toen betrok en bij een restaurateur in de Servaaskerk, kwam hij op het idee het stadsarchief te bezoeken en vond daar een 'broertje' van zijn origineel. Hij maakte er een fotokopie van en herstelde daarmee het geschonden onderdeel van zijn eigen exemplaar.
Mijn vader, bij wie Jarek regelmatig logeerde, zag de kopie en raakte hevig geïnteresseerd, tekende hem eigenhandig na.
Het was 1992 en Jo's werk voor de stad Maastricht was al enige tijd op gang. In een van de interviews die ik met Jo heb, vertelt hij hoe pap die tekening onder zijn aandacht bracht en het belang ervan onderstreepte. Ja, pap was geschiedenis, levend verleden. En hij bracht het ons bij, met zijn niet-aflatende vertelkunst.
Over oude bekenden, over zijn dorp en zijn familie, over de streek, en over al die vreemdelingen die van her en der uit Europa naar Limburg gekomen waren om er in de kolenmijnen te werken, zoals ook het gezin van onze moeder uit Polen via het Duitse Ruhrgebied en de Noord-Franse kolenbekkens bij Roubaix in de jaren twintig naar hier was getrokken...
Typisch, in de verhalen die mijn broer Jo over zijn manier van bouwen vertelt, hoor je die geschiedenis terug. De geschiedenis van gewone mensen, de stromen waarin ze zich door dorpen, steden en landen heen bewegen, lopend, op de fiets, op de tractor, in vrachtauto's, in personenauto's. Je hoort daarin zijn eigen verleden, de mensen en de plekken die er een rol in speelden. Maar ook hoor je de 'grote' geschiedenis terug, zoals ze in zijn gymnasiumtijd met beelden van een indrukwekkend klassiek tijdperk tot hem moet zijn gekomen. En aan die beelden moet het wel liggen dat je hem steeds ziet graven, onder de vastgegroeide en tot vanzelfsprekendheid samengekitte oppervlakte van de wereld van vandaag, naar de verheven brandpunten waar de trots die mensen stelden in hun gemeenschap tot uitdrukking kwam: de oude steden. Wat hij steeds opnieuw zoekt en in nieuwe vormen tracht om te zetten, dat is de geest van de stad, zoals ze in het oude Europa tot ontwikkeling is gekomen. Het is het ideaal van de stad als plaats van gemeenschappelijk leven, die gezamenlijk bezit is van allen die daar wonen of passeren.
In het Limburg waar hij werd geboren is Europa van oudsher steeds aanwezig geweest. Niet als modieus idee van leuzegevoelige politici of winstbeluste managers, maar als geleefde werkelijkheid. Wie de geschiedenis van deze streek kent, weet dat het door de eeuwen heen een komen en gaan was van trekkende volksstammen, oprukkende soldaten, avonturierende maar meer nog door noodzaak gedreven werkzoekers, en vele anderen. Ze kwamen uit de verre oorsprongen van het Keltendom, uit Rome, uit Frankrijk en uit Spanje, uit de Duitse landen, uit de vele Slavische streken, uit Noord-Afrika en het Midden-Oosten.

the city of Maastricht, seen from the hills to the east. It showed the city walls, towers and churches, ships on the River Maas; there were people in the foreground, a farmer ploughing with a pair of horses, some women busy bleaching linen further on. To the left, to the south of Wyck, which was already integrated in the city, was the land where Regout would establish his Sphinx earthenware factories centuries later.
Jarek had discovered this engraving in an antiquarian bookshop in Poznan – the same one where I once came across a little book bound in parchment by Erasmus, printed in Amsterdam in 1649.
Sadly one of the engraving's corners had been torn off, but as Jarek was working in Maastricht at that time, in the old house that Jo was moving into and with a restorer in the church of St. Servatius, he had the idea to visit the city archives and there he found a 'little brother' of his original. He photocopied it and used it to restore the damaged section of his own version.
My father, with whom Jarek regularly lodged, saw the copy and became intrigued by it, inspired to make a copy of it with his own hand. It was 1992, and Jo's work for the city of Maastricht had already been in progress for some time. In one of the interviews that I conducted with Jo, he tells how Dad brought the drawing to his attention and underscored its importance.
Yes, Dad was history, the living past. And he passed this on to us, with his never-ceasing storytelling: about old acquaintances, about his village and his family, about the region, and about all the foreigners who came to Limburg from here and there in Europe in order to work in the coalmines, as with the family of our mother, drawn here from Poland in the 1920s via the Ruhrgebiet in Germany and the coal basins near Roubaix in northern France...

Typically, in the stories that my brother Jo tells about his method of building, you can detect that history: the history of ordinary people, the way they flow through villages, towns and countries, on foot, by bike, on a tractor, in lorries, in cars. This tells you something about his personal history, about the people and the places that played a role in it. But you also detect something of the 'greater' history as it must have been presented to him at grammar school in images of an awe-inspiring classical era. This imagery must be why you always see him digging beneath the entangled and congested surface of the modern world now so widely accepted, striving to reach the exalted focal points that expressed the people's shared pride in their communities: the old cities. What he is constantly seeking out and attempting to transmute into new forms is the spirit of the city as it developed and matured in the Europe of old. It is the ideal of the city as a locus of communal life, the collective property of all who live there or pass through it.
In the Limburg where he was born, the Europe of yesteryear has been a constant presence. Not as some fashionable notion of slogan-spinning politicians or profit-hungry managers, but a a vital reality. Those who are familiar with the history of this region know that over the centuries it has seen the coming and

Dit Europa is Jo's eigenlijke werkterrein. Het vormt zijn voedingsbodem, zijn veld van inspiratie en het is de ruimte en de maat voor zijn creaties. De ontwikkeling van dit Europa laat mede ook de spanningen begrijpen die in zijn werk voelbaar zijn: tussen grootsheid en eenvoud, tussen gehechtheid aan het aardse en verlangen naar oneindigheid, tussen zich herinneren en vooruit willen, tussen sociaal toebehoren en individuele onafhankelijkheid en ongrijpbaarheid. Zo vindt hij zijn associaties, zijn tekens en zijn vormprincipes in uiteenlopende landstreken als Toscane, het Duitse Rijnland en de Franse Pyreneeën, in steden zo divers (en dit grote historische verband zo verwant) als Berlijn, Malaga, Parijs en Stockholm. Maar opvallend is hoe in al die elementen, wanneer hij ze toepast, één sfeer doorwerkt en aan alles kleur en adem geeft: de sfeer van het Zuiden, de zonnige, gastvrije, lichtdoortrokken warmte van de landen rond de klassieke Middellandse Zee.

We wandelen over de pleinen, door de tussenruimten en langs de gebouwen van wat hij, in een vroeg stadium van het plan voor de Sphinx-Céramique-terreinen, de 'Noordknoop' heeft genoemd.
Het is tweede kerstdag 2000. Ik ben op familiebezoek in Maastricht. We hebben samen gegeten aan de lichte, ronde marmeren tafel. Omdat we de volgende dag zullen werken aan het begin van het verhaal voor het boekje met zijn schetsen van dit plan, stelt Jo voor er eerst eens doorheen te wandelen.
Het is een koude avond. Sinds lange tijd weer een witte kerst. De bomen op de Ruiterij staan kaal te glanzen in het licht van de gele lantaarns. Ergens ploft uit de hoogte een sneeuwbal neer voor onze voeten. Twee jongensgezichten duiken weg achter iets wat een middeleeuwse borstwering lijkt aan de witte gevel van een woningrij. We staan aan de Maas bij het oude Polvertorentje, de rivier brengt donker aan uit het zuiden, de stad aan de overkant straalt en glinstert. Jo wordt aangesproken door een vrouw die haar hondje uitlaat, ze praten over het scherm dat haar balkon en woonkamer tegen te veel inkijk moet beschutten. Zij woont hier, in een van de zacht verlichte woningen op de kop van het grote plein.
Dan lopen we weer verder. Jo vertelt, legt uit, gebaart, wijst op grote lijnen en op kleine details. Al wandelend wordt me duidelijk hoezeer dit alles een eenheid is, ingeweven in het grote geheel van de stad. Hoe je naar alle kanten verbindingen ziet en voelt, soms nauwelijks waarneembaar maar voortdurend aanwezig. Steeds heeft hij dat in het oog gehouden, de samenhang met de plek en haar ondergrond, haar natuurlijke en historisch medegevormde reliëf, het omringende landschap, het stratenpatroon van het aangrenzende Wyck, het silhouet van het oude Maastricht aan de overkant van het water, en de onophoudelijke stromen van mensen zich bewegend door dat alles heen. Met begrippen probeert hij het te ordenen: topografie, geschiedenis, looprichtingen – met zijn handen naar alle kanten wijzend maakt hij duidelijk hoe overstelpend veel concrete gegevens daarmee zijn bedoeld.
Een nieuw weefsel vormen en dat in het levende lichaam laten ingroeien. Hij is daar heel precies in. Zo maakt hij me attent op

going of migratory tribes, battalions of soldiers, adventurous work seekers, albeit most often migrating out of economic necessity, and many others. They came from the distant homelands of the Celts, from Rome, France and Spain, from the Germanic principalities, from the many Slav countries, from northern Africa and the Middle East. This Europe is Jo's true work arena. It forms his cultural medium, his source of inspiration, and it provides the space and the dimensions for his creations. The development of this Europe also in part permits one to understand the tangible tensions in his work: grandeur versus simplicity, attachment to the earth versus the yearning for infinity, remembering versus striving for progress, belonging socially versus personal independence and elusiveness. That is why he finds his associations, his symbols and his formal theories in a diversity of regions, such as Tuscany, the German Rhine valley and the French Pyrenees, and in cities as different (yet, in this big historic context, so closely related) as Berlin, Malaga, Paris and Stockholm. But it is remarkable that when he applies all these elements they are all tinged with a single atmosphere that gives everything colour and life: the atmosphere of the South, the sunny, welcoming, luminescent warmth of the countries surrounding the classical Mediterranean Sea.

We stroll across the squares, through the interconnecting spaces and past the buildings that Jo christened the 'North Node' early in the planning for the Sphinx-Céramique site. It is Boxing Day, 2000. I am visiting the family in Maastricht. We have eaten together at the light, round, marble table. Because the following day we will start work on the text of the book with his sketches for this plan, Jo suggests that we first go for a stroll around it. It is a cold evening. A white Christmas for the first time in many years. The leafless trees on the Ruiterij stand glistening in the light of the yellow lanterns. A snowball out of nowhere explodes at our feet from on high. Two boys' faces duck behind something resembling a medieval rampart on the white facade of a row of houses. We stand on the banks of the Maas next to the old Polvertorentje tower. The river brings darkness from the south, the city on the opposite side shines and sparkles.

A woman out walking her dog addresses Jo, they talk about the screen that is meant to shield her balcony and living room from people looking in too much. She lives here, in one of the softly lit dwellings at the head of the large square.

We then walk on again. Jo tells stories, explains, gestures, points out the big lines and small details. As we are walking it becomes clear to me how much of a unit this all is, woven into the greater whole of the city, and how you can see and feel connections and links in every direction, sometimes barely perceptible but always present. He has consistently borne this in mind: the relation to the location and its relief formed equally by nature and history, the surrounding landscape, the pattern of the streets in the neighbouring Wyck, the silhouette of the old Maastricht on the far side of the water, and the incessant streams of people moving through all of this. He tries to classify it in general concepts: topography, history, circulation routes –

het drassige veldje dat zich ten zuiden van het Polvertorentje langs de Maasoever uitstrekt. Het heeft een eigen plaats gekregen en wordt tot een parkje, in de oksel van twee muren, de ene van de oever naar het westen lopend, de andere dwars daarop naar het zuiden gaand, vóór langs een langwerpig gebouw met kleine bochels. Deze hoek vormt een spiegel van wat er aan de overkant te zien is, waar achter de resterende bomen en gazons van het vroegere stadspark de oude stadsmuren verrijzen met daarboven uitstekend – als op een balkon – de eerste huizen van de stad.
En, o ja, in dat stadspark was er ooit een drukbezocht paviljoen waar 's zondagsmiddags werd gedanst. Ook die reminiscentie aan muziek, theater en gezelligheid heeft hij hierheen overgebracht. In de Bordenhal, een fraaie rest van de vroegere Sphinx-fabrieken, bevindt zich nu een ruime, met een warme houten vloer beklede theaterzaal. Daaraan vastgebouwd een café met uitzicht op de Maas.
Zo legt hij ook uit hoe naarstig hij heeft gezocht naar een goede aansluiting met het oostelijke stadsdeel Wyck. De Noordknoop is het ontmoetingspunt van deze wijk en zijn uit oude tijden stammende bochtige straten, met de Sphinx-Céramique en zijn duidelijke vormentaal van 'nieuwe tijden, nieuwe zeden'.
Hier moest een overgang komen, een bemiddeling die op harmonische wijze van het oude naar het nieuwe zou leiden. Hij heeft het gedaan met onderdoorgangen in de Hoogbrugstraat, die dwars op de verbindingsrichting tussen beide ligt, met een intiem plein (de Ruiterij) waar aan het eind enkele trappen omhoog leiden, met daarvoor nog een afbuigend straatje dat het gevoel van een doorgaand weefsel versterkt. Maar het gevoel is gewekt: hier achter gaat iets open.
Wie de trappen oploopt, staat op het 'balkon', een wijd uitwaaierende ruimte die tegelijk ook een vriendelijke beslotenheid heeft. Doorkijkjes op de Maas met een bocht uit het zuidelijke België komend, op de resten van de kalk- en fossielenrijke Sint-Pietersberg (met zijn cementindustrie een herinnering aan de aardewerkfabrieken die hier ooit lagen), op de torens en hoge daken achter het water, wisselen elkaar af met de voorname rust van de nieuwe gebouwen aan dit plein, die zich samen lijken te ontfermen over die lage stenen loods die uit de dagen van het gebakken aardewerk en de glazuurschilderingen is overgebleven.
Als men naar links draait toont het plein de klassieke lijnen die ook in de oude Zuid-Europese steden te zien zijn: omzoomd door gebouwen, ietwat schuin toelopend en aan het uiteinde perspectie gevend op een gaaf, evenwichtig bastion.
En als kransen door alle ruimten heengetrokken zijn er de bomen. Ze verzachten wat hard is, herinneren steeds opnieuw door de wisseling van seizoenen heen aan de aarde en het leven dat daar schuilt. De bomen, Jo heeft er taaie gevechten voor overgehad toen men ze van het 'balkon' trachtte te weren: de wortels zouden een verlies aan parkeerruimte betekenen in de daaronder geplande garage. Hij kreeg zijn zin, zij het dat ze nu in bakken met grond op het plein zijn geplaatst. Afgesproken is dat ze bij afsterven tot in lengte van dagen zullen worden vervangen...
De wandeling geeft een zintuiglijke kennismaking met datgene wa in architectentaal altijd 'plan' of 'ontwerp' heet. Ze brengt me in

gesturing with his hands to every side he makes it clear that these classifications encompass an overwhelming plethora of material.

Shaping a new fabric and allowing it to grow into a living body. He is very precise about this. For example, he draws my attention to the marshy little field that extends to the south of the Polvertorentje along the banks of the Maas. It has been given a special place and been turned into a small park where two walls meet, one running westward from the riverbank, the other running southward at right angles, to the front of an elongated building with small humps. This corner is a mirror image of the opposite bank, where the old city walls rise up behind the remaining trees and lawns of the former city park, with the first houses of the city sticking out above them – as if standing on a balcony.

And come to think of it, in that city park there was once a busy pavilion where there would be dancing on Sunday afternoons. He has also transported this reminiscence of music, theatre and conviviality across the water. In the Bordenhal, the 'biscuit factory', an attractive remnant of the former Sphinx factories, there is now a spacious theatre space furnished with a warm wooden floor, and an adjoining café with a view over the Maas.

Jo explains how assiduously he strove to achieve a successful link to the Wyck neighbourhood in the eastern part of the city. The North Node is the meeting point of this area, with its winding streets from days gone by, and the Sphinx-Céramique with its distinctive formal language of 'new times, new ways'. This required a transition, an intermediation that would lead harmoniously from the old to the new. He has achieved this with underpasses beneath the Hoogbrugstraat, which lies perpendicular to the axis between the two areas, to the Ruiterij, an intimate square at the end of which a few steps lead upwards. In front of the steps there is a little street that curves off, reinforcing the sense of a continuous fabric. But the steps have already created the sense that something opens up here. If you climb the steps you find yourself standing on the 'balcony', a space that opens wide like a fan and at the same time offers a friendly shelter. Views of the Maas bending its way from southerly Belgium, of the remains of the lime- and fossil-rich Sint-Pietersberg, or St. Peter's Mount (the modern cement industry a reminder of the earthenware factories that once stood here) and of the towers and high roofs beyond the water, alternate with the restrained peacefulness of the new buildings on the Ruiterij square, which together seem to be watching over the low, stone shed, a remnant from the age of oven-fired earthenware and enamel painting.

If one turns to the left, the square displays the classical lines that are also a feature of the historic cities of southern Europe: hemmed in by buildings, with somewhat slanted angles eventually leading to a perspective of a flawless, perfectly balanced bastion.

And the trees run through every space like garlands. They soften what is severe, are a constant reminder throughout the een werkelijkheid die meer dan alleen maar conceptualiteit is, een werkelijkheid die intussen leeft – al speelt dat leven zich op deze koude vriesavond vooral binnen af. Je ziet verlichte gordijnen, enkele feestvierders die zich met vrolijke stemmen naar het volgende café haasten, een fietser diep in zijn jas over de kade langs het water. En ik leer Jo's materiële medespelers kennen, de objecten in dit gebied die hier altijd al waren en die de vernieuwing hebben overleefd: de Villa Jaunez, met haar gebogen ramen uitkijkend op het water, het Maaspoorttorentje en het Polvertorentje, die beide met hun grote brokken leisteen de Maaskade van stevige uitroeptekens voorzien, de resten van de fabrieksmuur en de Bordenhal als stille getuigen van het werk dat hier een eeuw lang werd verzet. En natuurlijk de door het stadsarcheologisch team uitgegraven stukken stadsmuur, mogelijk teruggaand tot de dertiende eeuw. Ze lijken vertrouwde metgezellen te zijn geworden tijdens een tocht waarop het hem niet altijd voor de wind is gegaan.

De volgende ochtend, zittend in zijn kantoor, luisterend naar een verhaal dat nu pas goed op gang lijkt te komen, waarbij uit de vele springerige fragmenten contouren en samenhangen beginnen op te doemen, ga ik iets meer zien van de menselijke medespelers die hij in dit proces van bijna dertien jaren heeft ontmoet.

De mensen van de stad (wethouder en directeur bouwzaken), de beleggers, de projectontwikkelaars, de medearchitecten en natuurlijk de medewerkers uit zijn eigen bureau. Het is een verhaal van touwtrekken en van (wisselende) coalities, van vanzelfsprekende verstandhouding en felle discussies, van periodes van stilstand, van botsingen en ontladingen, van stille tactieken, van overtuigen en 'zachtjes masseren', en van plotselinge, onverwachte vondsten die wat vastgelopen was weer in beweging laten komen.

Incidenten die hij zich herinnert en die belangrijke keerpunten in het proces hebben betekend – al pratend proberen we ze terug te brengen tot enkele hoofdmomenten die het verhaal structuur kunnen geven. Momenten die de oplossing brachten voor een tot onontwarbare kluwen verstrikte reeks problemen, meestal voortkomend uit diepliggende belangentegenstellingen of onverenigbaarheden van visie. In deze momenten lagen dan telkens creatieve sprongen besloten waarin een nieuw evenwicht ontstond, samenhang scheppend en eenvoud, helderheid en schoonheid.

Zo was er die treinreis in november 1993 naar Amsterdam, samen met wethouder Wevers ondernomen om de opdrachtgevers-geldschieters in een bepaalde kwestie tot andere gedachten te bewegen. In diezelfde trein blijkt ook Job Cohen, de rector van de Maastrichtse universiteit te zitten. Het gesprek komt op het vastgelopen project van de geplande universiteitsbibliotheek in de oude binnenstad, waarvoor Jo's ontwerp vanwege de te grote omvang op die plek door de wethouder is afgekeurd. De gedachte vat post van een wisseling van plek, namelijk naar het terrein van de Noordknoop en wel aan de Maasoever. Het vindt allerzijds instemming. Voor wat betreft Jo's nu al enkele jaren vergeefs volgehouden zoeken naar een gebouw met duidelijke openbare bestemming ontstaat hiermee opeens een duidelijke oplossing.

change of seasons of the earth and the life that shelters there. Jo had a tough fight about the trees when they attempted to have them excluded from the 'balcony': the roots would mean fewer parking spaces in the garage planned beneath it. He had it his own way, but had to accept that they would be planted in pots of soil on the square. It has been agreed that when they die off they will be replaced, in perpetuity...

The walk offers a sensory introduction to what architects always call a 'plan' or 'design'. It transports me to a reality that is more than simply conceptual, a reality that has since come to life – even though most of that vitality is indoors on this freezing cold evening. You see lights behind curtains, a few partygoers hastening with merry laughter to the next café, a cyclist buried deep in his jacket on the embankment along the water. And I become acquainted with Jo's material fellow actors, the objects in this area that were always here and have survived modernization: the Villa Jaunez, with its arched windows looking out across the water, the little tower of the Maaspoort gateway and the Polvertorentje, their big chunks of slate stone furnishing the Maaskade embankment with sturdy exclamation marks, the remnants of the factory wall and the 'biscuit factory', silent witnesses of the industry that carried on here for a century. And of course the remains of the city wall that possibly dates back to the thirteenth century, excavated by the city's archeological team. It is as if they have become trusted companions during a journey that was not always plain sailing for him.

The following morning, sitting in Jo's office, listening to a story that only now seems to be making headway, a narrative in which contours and cohesion are starting to emerge from the myriad individual fragments, I start to see more of the fellow human actors that Jo has encountered during a process that has lasted almost thirteen years: the people of the city (the alderman and the director of buildings), the investors, the project developers, the fellow architects and, of course, the colleagues in his own office. It is a tale of tussles and of (shifting) coalitions, of self-evident cordiality and heated discussions, of periods of stagnation, of head-on clashes and resolutions, of tactical subtleties, of persuasion and 'gentle massage', and of sudden, unexpected discoveries that once again set in motion the wheels that had ground to a halt.

Incidents he remembers that brought about significant turning points in the process – as we talk we attempt to encapsulate them in a few chief events that might provide a structure for the narrative. Moments that prompted the resolution of a series of intertwined problems that had become an inextricable knot, usually stemming from a deep-seated conflict of interests, or irreconcilable ideas. Each of these key moments then comprised creative leaps whereby a new balance could be struck, bringing about cohesion and simplicity, clarity and beauty.

For example that train journey to Amsterdam in November 1993, undertaken with alderman Wevers in order to convince the client-financiers to adopt a different standpoint on a particular issue. Job Cohen, the rector of the University of Maastricht turned out to be on the same train. The conversation

Iets dergelijks deed zich voor met betrekking tot de Bordenhal, die hij zo graag wilde redden van de sloop. Theatergroep Het Vervolg had hem benaderd met plannen voor een nieuwe werk- en speelplek. De plaats die zij zelf op het oog hadden, aan de overzijde van de Maas, bleek veel te duur. Hier vond Jo opeens een passende bestemming voor het oude Sphinx-gebouwtje. Ook dit kon nu een publieke inhoud krijgen, nadat bovendien enkele maanden tevoren de vondst van de historische stadsmuren meteen ten zuiden van deze plek een herkenbare en logische grens had afgebakend voor het plein dat hij vanaf het begin als openbare ruimte had gezien.

Zo bracht het jaar 1993 vanuit diverse hoeken een bevestigend antwoord op de voor Jo zo dringende vraag naar een kern die het te bebouwen terrein metterdaad tot een stedelijke ruimte zou maken.

Ik luister en noteer, blij met enige duidelijke aanknopingspunten. In de weken daaropvolgend ga ik echter begrijpen dat dit verhaal een vrijwel ononderbroken aaneenschakeling van incidenten moet zijn geweest, die bovendien zeer verschillend gekleurd zullen zijn al naar gelang de verteller. Ik beperk me echter tot Jo's perspectief, wetend dat ook bij uitgebreid onderzoek van wat alle partijen te berde brengen, de ene ware objectiviteit een schone fictie is en blijft.

Wat meer inzicht geeft, is het zich verdiepen in de motieven en vooral de wereldbeelden die elk van de verschillende partijen bewegen. Zo ziet Jo zich met name van de kant van financiers en projectmanagers geconfronteerd met een marktgericht denken, dat bouwen herleidt tot het construeren van verkoopbare objecten, met een eenduidig utilitaire bestemming. Steeds opnieuw raakt hij daarmee in conflict. Het is een ware botsing van twee werelden.

Wat hem in die visie benauwt en steeds weer zijn strijdlust aanwakkert, is de reductie van stedelijk leven – en daarmee van de samenleving – tot nauwomschreven 'functies' die corresponderen met statistisch bewijsbare 'vragen vanuit de markt' en dus met aanwijsbare (en uiteraard voldoende draagkrachtige) kopers.

De notie van het gemeenschappelijke geheel, van de cultuur en haar bezieling, van het niet in gangbare economische termen uit te drukken en vaak ook nauwelijks uitspreekbare gevoel van mensen voor de geestelijke stroom in het sociale verkeer – dat alles komt in het commerciële denken nauwelijks aan bod. En juist dat is het wa[t] de samenhang in een stad bepaalt en levend houdt, en verder doe[t] groeien.

In zijn ontwerpen voor de Sphinx-Céramique is Jo van het begin af aan hiervan doordrongen geweest. Al in een vroeg stadium sprak hij hierover met de stadsbestuurders, trachtte hen te overtuigen van de noodzaak van het vormen van een waarlijk stedelijke ruimte. Een ruimte die de sfeer van levende cultuur zou kunnen doen ervaren, zowel in haar totale verband als in locaties (pleinen, gebouwen) met een sterk publiek karakter, symbolen van gezamenlijk leven die dan ook voor allen toegankelijk zouden zijn.

Voor deze gedachte vond hij gehoor. Het was echter niet voldoende om het koor van financiers, projectontwikkelaars, pragmatici en technici met hun argumenten ondersteund door macht, te overturned to the stranded plans for the university library in the old city centre, a design by Jo that the alderman had rejected because it was too big for that location. The idea of changing the location gained sway, namely moving it to the site of the North Node, right on the banks of the Maas. All parties endorsed it. This marked the sudden inception of a clear-cut answer to Jo's persistent yet fruitless quest for a building with an explicit public function, a search that had already busied him for years.

Something similar happened with the biscuit factory, which he was keen to save from demolition. The theatre group Het Vervolg ('The Sequel') had approached him concerning plans for a new rehearsal and performance space. The site that the theatre group had its eye on, on the opposite side of the Maas, turned out to be far too expensive. That is how Jo suddenly found a suitable function for the old Sphinx building. This too could now fulfil a public function, and that, moreover, after the discovery of the historic city walls to the immediate south of this site a few months earlier had marked out a logical boundary for the square that Jo had regarded as a public space from the very start. Thus the year 1993 brought an affirmative answer from various corners to the need, considered so essential by Jo, for a nucleus that would actively transform the project site into an urban space.

I listen and take notes, pleased to have a few clear points of departure. In the weeks thereafter, however, I will come to realize that this story must have been a practically uninterrupted sequence of incidents, which will be presented very differently depending on the narrator. However, I will restrict myself to Jo's perspective, in the full knowledge that even after extensive research into what each and every party reports, true objectivity is pure fiction, and always shall be.

Immersing oneself in the motives and especially the world views that motivate each of the various parties offers greater insight. Thus, from the angle of notably financiers and project managers Jo sees himself confronted with a market-oriented mentality, which reduces the act of building to the construction of marketable objects with an unequivocally utilitarian function. Again and again he finds himself in conflict with this. It is a true collision of two worlds. What he finds suffocating in this approach, and something which time and again rouses his fighting spirit, is the reduction of urban life – and thus society – to narrowly defined 'functions' that correspond with statistically demonstrable 'market demands' and thus with identifiable (and indeed sufficient wealthy) buyers. The notion of the communal whole, of the culture and its spirit, of people's sensitivity to the spiritual aspect of social interaction, which cannot be expressed in modish economic jargon, and is often almost impossible to articulate – all this is mostly left out of commercial thinking. And this is the very essence of what defines the cohesion in a city and keeps it vital, and makes it grow further.

In his designs for Sphinx-Céramique, Jo has been convinced of this from the very start. Already at an early stage he talked stemmen. De eisen ten aanzien van 'bouwvolumes' voor woningen, winkels en kantoren waren onverbiddelijk. Zowel hijzelf als zijn medearchitecten, zeer bekwame mensen uit binnen- en buitenland, probeerden er op creatieve wijze mee om te gaan. Maar ontwerp na ontwerp verdween van tafel. De belangrijkste symbolen voor een werkelijk sociaal hart in het Noordknoop-gebied, het grote plein ('balkon') en de stadshal, schrompelden ineen tot vrijwel betekenisloze randversieringen.

Er moet wel een bijzonder sociaal talent en een grote bezetenheid in hem zijn geweest, maar ook een wil tot meedenken, inzicht in het bijzondere dat hier groeide, of minstens toch de bereidheid tot luisteren bij de andere partijen – om ervoor te zorgen dat de kloof tussen de twee werelden die hier tegenover elkaar lagen, werd overbrugd. En in elk geval was er tijd voor nodig.

Het is inmiddels januari geworden. Er moet een tekst komen, en wel binnen enkele weken. Maar ik tast naar een geschiedenis die schier ondoorgrondelijk is. En de hoofdpersoon is ongrijpbaar. Overladen met werk is hij steeds voortvluchtig. En zelfs wanneer hij zich op een middag heeft kunnen vastleggen om te vertellen, blijkt hij eerst anderhalf uur onvindbaar en kan later zijn stoel nauwelijks langer dan vijftien minuten achtereen bezet houden. Steeds de deur uit, nu voor dit, dan voor dat. Is hij een spin in een groot web? Er komt materiaal op tafel: een dikke bundel met schetsen, vele van zijn hand, met computerplattegronden en ruimtelijke ontwerpen, met foto's van maquettes, foto's van ontmoetingen. Een fotokopie van enkele polaroidopnames. Twee figuren als donkere vlekken aan een tafel vol lichtende papieren, de gezichten vaag herkenbaar, een van hen met regenjas over de arm, sigaret tussen de vingers. Eronder, in Jo's handschrift: 'Opgelucht en blij na Siza's eerste schetsen voor de tweede toren; 27 maart 97 minderbroedersberg bij Barragan.' Het is een blad uit zijn dagboek, in de rand een pentekeningetje van twee schuin op elkaar staande blokken met verbindingslijntjes, hokjes, stippels, ernaast 'Galfetti' en 'bibl.'. Verder bladen met een ansichtkaart van de kathedraal in Orvieto, potloodschetsen van een hoog geraamte, contouren van de Bordenhal, een raster, optelsom, telefoonnummer, en weer foto's: het plein voor de kerk in Orvieto, mensen op de trappen, een plaveisel met mozaïek, een stenen paaltje.

Jo probeert uit de stapel een selectie te maken, ik prik bladen op het witte zachtboard over de volle breedte van de vergaderzaal waar we zijn. Hij vertelt, flarden. Moet weer weg. Intussen is Paul er bij geroepen om mee uitleg te geven. Het wordt een lange middag.

Later in die week kom ik weer. Een filmploeg zal opnames maken om te projecteren op een tentoonstelling van zijn werk. Wellicht zitten hier voor mij bruikbare verhalen bij.

Ik kom zijn werkkamer binnen. Warmte slaat me tegemoet, en een sfeer van gewijde stilte. Het is of ik een heiligdom binnentreed. Tussen drie felverlichte witte schermen zit hij, beantwoordt vragen die hem van de zijkant worden toegesproken. Hij praat moeizaam, elk woord wegend, onbeweeglijk zit hij aan zijn bureau. In een ingelaste pauze zegt hij: 'Voor mij werkt dit zo niet, maar goed,

about this with the city councillors, strove to convince them of the need to create a real urban space. A space that would allow the experience of an atmosphere of living culture, in its entirety as well as in specific locations (squares, buildings) with a highly public character, symbols of collective life that would then also be accessible to all.
He found a willing audience for this idea. However, it was not enough to drown out the chorus of financiers, project developers, pragmatists and engineers with their arguments propped up by their power: the requirements with respect to 'building capacity' for dwellings, retail space and offices were insurmountable. Both Jo and his fellow architects, highly skilled professionals from the Netherlands and abroad, attempted to deal with this creatively. But one design after the other was rejected. The most important symbols for a real social heart in the North Node area, the big square (the 'balcony') and the Stadshal, or City Hall, withered into practically meaningless border decorations.
Jo must have exercised exceptional social skills and enormous determination, but the other parties must also have been willing to collaborate, realizing the uniqueness of what was developing here, or at least have been ready to listen to him – to ensure that the chasm between the two worlds that stood facing each other would be bridged. In any case, it needed time.

January has come around. A text has to be written, and that within a few weeks. But I am groping for a story that is well nigh inscrutable. And the leading character is elusive. Overburdened with work, he is constantly on the ball. And even when he has managed to set an afternoon to tell his story, he firstly turns out to be untraceable for an hour and a half, and later can hardly remain in his chair for longer than fifteen minutes. Constantly popping out of the office, first for one thing, then another. Is he a spider in a big web? Material arrives on the table: a thick bundle with sketches, many from his own hand, with computer-generated plans and spatial designs, with photos of maquettes, photos of meetings. A photocopy of some Polaroid snapshots. Two figures resembling dark blots are standing at a table covered with luminescent sheets of paper, the faces almost unrecognizable, one of them with a raincoat over his arm, cigarette between the fingers. Beneath, in Jo's handwriting: 'Relieved and happy after Siza's first sketches for the second tower; March 27, '97, Friars Minor Mount near Barragan.' It is a page from his journal: in the margin there is a little pen drawing of two blocks standing at an angle to each other, with little connecting lines, little squares, dotted lines, with the jottings 'Galfetti' and 'libr.' alongside. There are also pages with a postcard of the cathedral in Orvieto, pencil sketches of a high skeletal structure, contours of the biscuit factory, a grid, an arithmetical sum, a telephone number, and more photographs: the square in front of the church in Orvieto, people on the steps, a mosaic pavement, a stone pillar.
Jo attempts to make a selection from the stack, I pin sheets on the whiteboard across the whole length of the conference room

ik voeg me naar wat jullie van me vragen.' Ik zit erbij, mijn recorder aan. Kan hier wel iets zinnigs uit komen? Ik hoor alleen moeizame abstracties.

Maar wonderlijk, in de tweede helft van de middag zit hij opeens in een introvert, fijngevoelig verhaal over de manier waarop hij tekent. Intiem, bij zichzelf. Over hoe voorzichtig het begint, met tastende lijntjes, terwijl hij zich inleeft in een binnenruimte, haar bijna zintuiglijk voelt. Hoe hij dan van binnen naar buiten werkt, zoekend naar verbindingen, een geheel. Hoe hij in het tekenen zo lang mogelijk veel openlaat, chaos toelaat, zo lang mogelijk blijft in dit stadium van niet-definiëren, intuïtief de beelden laten opkomen. Hij noemt het een vrouwelijk talent. En hoe hij dan langzamerhand tot besluiten overgaat, de 'ontwerpdaden' stelt waarin structuur wordt vastgelegd.

Geconfronteerd met een vraag over het manifest over het architectenberoep dat hij met Pinksteren 1995 uitgaf, wordt hij fel. Het gaat erom de eigen verantwoordelijkheid van de architect te beschermen tegen de versnippering in technische en zakelijke specialismen, en tegen de groeiende macht van de bouwcoördinatoren, managers aan wie de begeleiding van het proces steeds meer wordt toegeschoven. Het gaat om het bouwen als 'integrale act', iets waarvoor de architect op de eerste plaats is toegerust. Door zijn verworteling in de traditie van het bouwen, zijn zicht op de complexiteit en de eenheid van gebouw, plein, wijk of stad, zijn vorming in de taal der esthetiek en haar tekens, vertegenwoordigt hij het geweten dat zorg draagt voor het geheel. Want dat wat gebouwd wordt is geen zielloze constructie, het is een levend organisme dat ten dienste staat van het wonen, verblijven, bewegen en werken van mensen.

Via zijn intuïtie geeft de architect een persoonlijke kleur die zich kan invoegen in de steeds groeiende leefomgeving en bijdraagt aan de levendigheid daarvan. Voor Jo is daarom de zintuiglijke afstemming op wat er al is van groot belang. Zijn ontwerpen begint met lopen, veel rondlopen op de plek waar het om gaat, en hij blijft dat doen zolang het project duurt. En denkend aan hen die er zullen verblijven, blijft hij ook in het vormgeven, van het geheel tot de kleinste details, zijn zintuigen inzetten: ook kleur, geluid, bewegingsrichting en stemming maken deel uit van de gebouwde omgeving.

Zijn rondwandelen ter plaatse is ook een manier om zich een voorstelling te maken van de richtingen waarin en waarlangs de 'gebruikers' zich zullen bewegen in de nieuwe ruimte, en van de routes waarlangs mensen zich in de omringende, bestaande stad gewoonlijk verplaatsen. Beide zullen verband met elkaar moeten houden.

Steeds weer zich verplaatsen in de mensen. Een week na deze gebeurtenis vertelt hij me van de fysiotherapeut die hem behandelde voor de hernia die zich halverwege de periode van het Noordknoop-project bij hem openbaarde en tot het einde ervan bij hem bleef. Toen de man uit de krant had begrepen dat hier de architect van de nieuwe wijk voor hem lag, vroeg hij: 'En, komt er daar nu ook een padvindershonk? Een rijwielhandel? Een kroeg? Een vrouwenhuis? Een kapel?' Al die vragen moest Jo met 'nee' beantwoorden en het zat hem vreselijk dwars.

we are using. He tells the story, in snippets. He has to leave again. Meanwhile Paul has been called upon to join him in explaining things. It turns into a long afternoon.

Later that week I return. A film crew is going to shoot footage to project at the exhibition of Jo's work. Perhaps there will also be some usable material for me.
I go into his studio. A wall of warm air greets me, and an atmosphere of sacred silence. It is like entering a shrine. He is sitting between three brightly lit white screens, answering questions posed from the sidelines. He speaks laboriously, weighing every word, sitting immobile at his desk. During an awkward pause he comments: 'This isn't working for me, but I'm doing what you ask of me.' I am sitting there, with my tape recorder running. Can this lead to anything useful? I am only hearing toilsome abstractions.
But miraculously, in the latter half of the afternoon he is suddenly enraptured in an introvert, highly sensitive story about the way in which he draws. Intimate, turned in on himself. About how gingerly it commences, with tentative little lines, while he imagines himself in an interior space, almost feels it physically. How he then proceeds from interior to exterior, looking for connections, a unified whole. How he leaves things open for as long as possible while draughting, allows chaos, remains as long as possible in this stage of non-definition, intuitively allowing the images to spring to mind. He calls it a feminine talent. And how he then gradually formulates his decisions, performs the 'act of design' in which the structure is fixed.
When confronted with a question about the manifesto on the architectural profession that he had published in late spring 1995, he becomes intense. It concerns safeguarding the architect's personal responsibility against the fragmentation into technical and professional specialisms, and against the growing power of construction managers, who are increasingly entrusted with the supervision of the building process. It is about construction as an 'integral act', something for which the architect is specially equipped. Thanks to a grounding in the tradition of building, an understanding of the complexity and unity of building, square, neighbourhood or city, training in the language of aesthetics and its symbols, the architect represents the conscience that watches over the whole. Because what is built is not a soulless construction, but rather a living organism subservient to the way people live, reside, move and work. Intuitively, the architect adds a personal colour that can be inserted in the ever-growing living environment and contributes to its vitality. That is why Jo finds the sensory attunement to what already exists to be so very important. His designing starts with walking, a great deal of walking around at the site in question, and he keeps on doing this for the duration of the project.
And thinking about the people who will reside there, he keeps on applying his senses throughout the design process, from the greater whole down to the smallest details: colour, sound, traffic movement and mood are also part of the built environment.
His walking around on site is also a way of imagining the

Met vernieuwde kracht is hij, toen hij eenmaal weer rechtop was, bij de projectontwikkelaars aan de bel gaan hangen. Hij beseft hoe 'heikel' elke ingreep, en zeker een van deze omvang, in een bestaande omgeving is. Als het goed gebeurt kan het heilzame impulsen geven; als het met weinig inlevingsvermogen en grove middelen wordt gedaan, kunnen ernstige verstoringen het gevolg zijn. Stadsvernieuwing is ook oog hebben voor de dagelijkse leefpatronen van gewone mensen.
Typisch, op een van de eerste plattegrondjes voor de Sphinx-Céramique die zich in zijn mappen bevinden, staat in de rand te lezen: 'Sjeng aan de Champs-Élysées'...

Keer op keer bezoek ik Maastricht. Gladde straten, sneeuw, soms smeltend, soms opvriezend. Het smalle straatje achter de hoge kerken, de smeedijzeren poort, hardstenen trappen, de zware donkergroene voordeur, gang met plavuizen, vrolijke stem uit de receptie.
Er is een selectie gemaakt van zeventien plattegronden. Deze moeten de belangrijkste fasen aanduiden in de groei van het project 'Noordknoop'. Ofwel: hoe een tienvoudig verwikkelde knoop werd ontrafeld. Paul zit enkele uren te vertellen; nauwgezet, zakelijk geeft hij uitleg bij een aantal van de tekeningen.
Na afloop hebben we het over muziek; hij blijkt saxofoon te spelen, is gegrepen door de Noorse saxofonist Jan Garbarek, die ik vorig jaar ook hoorde spelen samen met de stemmen van het Hilliard Ensemble.

Ik wandel door de oude straten naar de Maas, de brug over, naar de pleinen waar het allemaal over gaat. Zie de lage winterzon in het hoog opgestuwde water, een fiets vastgeklonken aan de balustrade, een winterkoninkje tussen ineengedoken groen, de trotse gebouwen bijeengehurkt in de kou. Schrijf haiku. Warm mezelf in de koffiebar in een van de nieuwe hoeken.

Enkele dagen later vertelt Jo. Geconcentreerd, nu is er niets anders dan dit. Uitgeverij begint te dringen, tijd krimpt. En eindelijk begin de geschiedenis samenhang te vertonen, ga ik enkele grote draaipunten zien. Uit de conflicten, de onderhandelingen en de geheime samenkomsten, uit het onafgebroken zoeken naar architectonische oplossingen, het taai volgehouden streven naar helderheid en eenvoud, worden langzamerhand de stappen begrijpbaar die in de tekeningen zijn uitgedrukt. Het papier wordt een podium waarop acteurs met eigenaardige namen mij meer en meer vertrouwd worden: 'Balk', 'Ruiterij', 'Stoa' en 'Stoa-plus', 'Kop', 'Balkon', 'Stadshal'; voor mijn ogen transformeren ze van de ene in de andere gedaante en soms weer terug. Verplaatsen zich, lossen op, verschijnen weer. Tot ze uiteindelijk allemaal hun plek hebben gevonden en hun gestalte, en de beweging van het papier verdwijnt.

Weer wandel ik door de stad, de brug over, door de straatjes van Wyck en kom – het gaat bijna ongemerkt – tussen de nieuwbouw, en zie ze terug, in levenden lijve, de acteurs van daarstraks. Mensen lopen over het plein, de helverlichte winkelruimten van

directions in which and along which the 'users' will circulate in the new space, and the routes along which people usually move in the surrounding, existing city. These will have to be interrelated.
Putting oneself in other people's shoes again and again.
One week after this episode, Jo tells me about the physiotherapist who treated him for the hernia that manifested itself halfway through the North Node project and remained with him to its conclusion. When the man realized from reading the newspaper that the architect of the new area was lying in front of him, he asked: 'So, will there also be a new scout headquarters? A bike shop? A pub? A women's centre? A chapel?' Jo had to answer 'no' to all these questions, and that frustrated him enormously. Once he was back on his feet he went back to express his views to the project developers with renewed energy. He realizes how 'thorny' every intervention is, and certainly one on this scale, in an established environment. If it is carried out well it can provide beneficial stimuli; if it based on a lack of empathy and strong-arm methods, it can be seriously disruptive. Urban renewal is also about an understanding of the patterns of the day-to-day life of ordinary people.
Typically, on one of the earliest plans for Sphinx-Céramique in Jo's files, there is a note in the margin: 'Jack on the Champs-Élysées'...

I visit Maastricht again and again. Icy streets, snow, sometimes thawing, sometimes refreezing. The narrow little street behind the towering churches, the wrought-iron gateway, bluestone steps, the heavy, dark-green front door, flagstone hallway, the cheerful voice at reception.
Seventeen plans have been selected. These must represent the most important phases in the development of the North Node project. In other words, the unravelling of a knot entangled tenfold. Paul spends a few hours telling me about some of the drawings, explaining them with objective meticulousness. When we are finished we talk about music: he happens to play saxophone, is enthralled by the Norwegian saxophonist Jan Garbarek, who I also heard last year in concert with the singers of the Hilliard Ensemble.
I walk through the old streets to the Maas, across the bridge, to the squares that this is all about. I see the low winter sun in the high water, a bike riveted to the balustrade, a wren amidst rumpled foliage, the proud buildings crouched together in the biting cold. I write haikus. I warm myself in the coffee bar in one of the new corners.

A few days later Jo speaks to me. Concentrated, now there is nothing else but this. Publisher is starting to put the pressure on, time is short. And at last the story is starting to display some coherence, I see some important pivots. In the conflicts, the negotiations and the secret meetings, in the unremitting search for architectonic solutions, the tenacious struggle for clarity and simplicity, the steps expressed in the drawings gradually become understandable. The paper becomes a stage on which

’s lands grootste kruidenier trekken bezoekers, door de spiegelende glazen pui van het café aan de overkant zijn vage gestalten te zien, zittend aan tafeltjes. De beweging is van het papier overgegaan, hierheen. Zoekt nu als water haar eigen loop.
Alles op het grote plein wijst naar de bibliotheek, hoog oprijzend en uitnodigend. Ik ga er binnen door de zijdeur. Sta in die wijde ruimte, zo merkwaardig intiem. De van twijgen gevlochten vis die er hangt, doet me denken aan de walvisbuik waarin de profeet Jonas de woeste aanvallen van de golven waaraan hij ten prooi was geworpen, veilig doorstond.
Ik loop de brede houten trap vóór mij op en word getroffen door de donkere krijttekening van de Sphinx-fabrieken die daarboven hangt, naast de lange vitrine vol oud aardewerk, borden zoals ik ze bij mijn opa zag. Drink een kop warme chocola in het cafetaria, schrijf in mijn aantekenboek. Enkele tafels verder zit een man in een rolstoel, praat opgewekt met de vrouw tegenover hem. Beneden op straat schuift het verkeer voorbij door het invallend duister.
Het is licht en warm hierbinnen, vriendelijk gedempt klinken de geluiden. Boven en onder mij zijn duizenden boeken, één kolossale wolk van menselijk verlangen, vreugde, ellende, gruwelijkheid en schoonheid, een aardse hemel.

Ik heb geen zin weg te gaan. Maar het is zes uur. Er wordt op mij gewacht met een maaltijd. Buiten op het plein zie ik de lantaarns. Mooi, zo op die hoge voet en rank naar boven. Ook die heeft hij getekend.

Over de auteur

Na een leven in de wetenschap (hoogleraar mens-, maatschappij- en cultuurwetenschappen) treedt Herman Coenen op als vrijgevestigd schrijver.
Na vele publicaties op sociaal-wetenschappelijk terrein schrijft hij nu beschouwingen, columns en poëzie. Zijn thematieken cirkelen steeds rond de geheimen van de menselijke creativiteit, haar inspiratiebronnen en de betekenis van het lichamelijke, fysiek en spiritueel.

actors with strange names become more and more familiar: 'Strip', 'Ruiterij', 'Stoa' and 'Stoa-plus', 'Head', 'Balcony', 'City Hall'. In front of my eyes they are transformed from one guise to another and sometimes back again. They adopt a different stance, dissolve, reappear. Until at last they all find their place and their form, and the movement vanishes from the paper.

I walk through the city once again, across the bridge, through the small streets of Wyck, and I arrive – almost unawares – amidst the new buildings, and see them again, in the living flesh, the actors of time future. People walk across the square, the brightly lit shops of the country's biggest supermarket chain attracts visitors, through the reflecting glass window of the café opposite there are vague outlines sitting at little tables.
The movement has transported itself from the paper to this place, and now seeks its own course like water.
Everything on the big square points to the library, towering skyward and inviting. I go inside through the side door. I stand in that broad expanse so oddly intimate. The fish woven from twigs that hangs there brings to mind the whale's belly in which the prophet Jonah safely endured the wild crashing of the waves to which he was cast.
I climb the wooden stairs in front of me and am struck by the dark pastel drawing of the Sphinx factories that hangs above it, alongside the long showcase full of old earthenware, plates like those I used to see at my Grandpa's. I drink a cup of hot chocolate in the cafeteria, write in my jotter. A few tables further on there is a man in a wheelchair, in animated discussion with the woman opposite him. Down below on the street, the traffic edges along through the gathering dusk.
It is light and warm here inside, the noises sounding muted and friendly. There are thousands of books above and below me, one colossal cloud of human desire, joy, misery, horror and beauty, an earthly heaven.

I have no desire to leave. But it is six o'clock. A meal is waiting for me. Outside on the square I see the lanterns. The way they stand so slender on that high pedestal is beautiful. Jo designed these too.

About the author

After pursuing an academic career as professor of social and cultural ciences, Herman Coenen now works as a freelance writer.
After publishing a substantial body of work in the field of social ciences, he now writes essays, columns and poetry. His subject natter gravitates towards the secrets of human creativity and its ount of inspiration, as well as embracing the significance of the physical and spiritual body in this process.

Na alle jaren voor de Céramique dankt Jo Coenen | After all the years for the Céramique, Jo Coenen would like to thank:

de denkers van het eerste uur | the thinkers right from the start Huub Smeets en | and Dick Regenboog;

de stadsbestuurders die het concept vanaf het eerste begin mee droegen | the councillors who supported the concept right from the start John Wevers, Jan Hoen en in het vervolg daarop | and after them: Wim Kuiper, Raymond Leenders en | and Theo Bovens;

burgemeester | Mayor Philip Houben, die Céramique sterk verdedigde en daarbij van gemeentewege ondersteund werd door Philip Houben | **who strongly defended Céramique and was supported in this by the City Council:** Jo Notten en | and Harrie Delfgauw, Louis Prompers, Math van de Broek, Hans Wouters, Pieter Beek en | and Hans Hoorn, **die de regio bedienden met tal van lezingen en stadswandelingen | who served the region with numerous lectures and guided tours of the city**;

Job Cohen, **voor zijn onvergetelijk vindingrijke bijdrage in de trein naar Amsterdam in de tijd dat hij nog rector magnificus van de universteit was | for his unforgettable, inventive contribution in the train to Amsterdam in the period when he was still Rector Magnificus of the University**;

mijn medewerkers voor het stadsontwerp | my assistants for the urban design Ady (Steketee), Joop (Slangen) en | and Paul (Kuitenbrouwer);

mijn niet te omzeilen, onmisbare opdrachtgevers | my invaluable commissioners Nico Eurlings, Ward Vleugels, Frans Corpeleijn, Ineke en | and Thijs Brand - **there was no getting around them**;

de trouwe trawanten van het Beleids- c.q. Projectteam Céramique | the faithful team from the Céramique Policy and Project Teams Anne Bodzinga, Cor de Jager, Jo Notten, Ed Loijens, Jaap van Rijs, Harm Trimp, Pieter de Jong en | and Wil van Herten.

Met name dank ik | I would particularly like to thank Ine Timmers en | and Hans Trentelman **voor hun loyale en levendige bijdrage hetgeen leidde tot de totstandkoming van theater 'Het Vervolg' | for their loyal and lively contribution, which led to the establishment of 'Het Vervolg' Theatre.**

Dank aan de onvervangbare | My thanks to the irreplaceable Geert (Coenen) en | and Bert (Jeurissen) **die het dagelijkse werk opknapten, gesteund door vele medewerkers binnen en buite ons bureau | for taking care of the day-to-day work, backed up by many colleagues inside and outside our bureau.**

Ik ben blij met het welslagen van het terras van Café Zuid, da uitgebaat en bediend wordt door | I am pleased with the success of the Café Zuid terrace, run and serviced by Arthur Marks en | and John Kampstra; **zij tilden bovendien de jazz naar deze kant van de Maas | who also brought jazz to this bank of the Maas.**

'oor het vele werk tijdens de voorbereiding en realisatie van ˈlaaskantoren en -appartementen dank ik | For their hard ˌork during the preparation and implementation of the ˈlaas offices and apartments I thank Ed Loijens, Ger Römgens, ˈuib van Wijk;

aarnaast natuurlijk de bibliotheek-realisatieclub onder ˌanvoering van | in addition, of course, the library realization ˈlub led by Piet Schoot, Frans van Dun en | and Jo Mans en | and ɔouwcombinatie Noordknoop Céramique' IBC | Hurks.

venzeer dank aan onze 'counterpartners' van Ruijters in de ˌitvoeringsfase | I am equally grateful to our counterpartners ˌrom Ruijters in the implementation stage Ron Pieters, Jac. van ˈe Wijngaard en | and Jan Drummen.

En natuurlijk, niet in het minst, de architecten die de Noordknoop mede bedachten en hem contour gaven | And of course, by no means least, the architects who helped to devise the North Node and to give it its contour

Aurelio Galfetti, Yann Kéromnes en | and Boudewijn Snelder;
Luigi Snozzi, Ger Rosier en | and Arno Meijs; Hans Zuketto;
Álvaro Siza Vieira, Antonio Cruz en | and Antonio Ortiz;
en | and René Greisch (†), **de ontwerper van de | designer of the 'Pont Céramique'**.

Ik dank | I would like to thank Gunnar Martinsson en | and Ben Taken, **die de bomen in het park op hun plaats hielden en die water en groen tot leven brachten | for keeping the trees in the park and bringing the water and greenery to life.**

Ten slotte | Finally Jos Hermans en | and Han van Wetering: **bedankt, dat jullie het geheel van brons en keramische kleur voorzagen | thank you for giving it all a bronze and ceramic colour.**

Deze publicatie verschijnt bij de opening van de tentoonstelling 'Jo Coenen - Architectuur als proces. De Noordknoop in Maastricht en andere recente projecten' in het Nederlands Architectuurinstituut, Rotterdam, van 19 maart - 6 mei 2001

This publication appears at the opening of the exhibition 'Jo Coenen - Architecture as Process. The North Node in Maastricht and other recent projects' in the Netherlands Architecture Institute, Rotterdam, 19 March 2001 – 6 May 2001.

Publicatie

Concept publicatie | Concept Publication

Joop Ridder, Proforma, strategie, ontwerp en management

Jo Coenen en medewerkers

Teksten | Texts Herman Coenen, Tilburg

ism | with Jo Coenen, Maastricht

Vertaling (N-E) | Translation (D-E)

Peter Mason, Amsterdam

Behalve | Except pp. 185-205: Andrew May, Amsterdam

Eindredactie | Copy Editing Els Brinkman, Amsterdam

Astrid Vorstermans, NAi Uitgevers | Publishers, Rotterdam

Vormgeving | Design Proforma, strategie, ontwerp en managem

Rotterdam (m.m.v. Sanne Veldkamp)

Productie | Production Paul Scholte, Proforma, strategie, ontwer

management, Rotterdam

Astrid Vorstermans, NAi Uitgevers | Publishers, Rotterdam

Druk en lithografie | Printing and Lithography

Drukzaken, Rotterdam

Fotografie | Photography Jo Coenen, Van Sloun | Ramaekers, Harry van Son bv, Klaus Tummers

SBN 90-5662-220-X

Available in North, South and Central America through D.A.P./Distributed Art Publishers Inc, 155 Sixth Avenue 2nd Floor, New York, NY 10013-1507, Tel. 212 6271999 Fax 212 6279484.

Available in the United Kingdom and Ireland through Art Data, 12 Bell Industrial Estate, 50 Cunnington Street, London W4 5HB, Tel. 181 7471061 Fax 181 7422319.

Printed and Bound in the Netherlands